磁相变合金的应用

CIXIANGBIAN HEJIN DE YINGYONG

胡秋波 著

中国农业出版社
北 京

前　言

磁相变合金在磁场诱导下会发生相变，通常伴随着磁热效应、磁致伸缩效应或磁致应变效应等诸多有趣的物理现象，是一类磁性功能材料，由于它们在磁制冷、传感器和换能器、微纳加工等领域有着广阔的应用前景而受到材料界的广泛关注。但是一级磁相变合金通常存在着相变温区狭窄、恢复性差、力学性能差等问题，严重影响了它们的实际应用。解决这些难题仍然是一个挑战。本书通过元素掺杂、元素缺位、环氧树脂粘接磁场取向、强磁场凝固、电场调控等方式在一些磁相变合金中探讨了上述问题，并测量了磁致伸缩、磁致应变以及磁热等相关磁效应，研究了其物理机制以及应用价值。

本书第1章主要介绍了相变的概念、分类、特征，磁相变合金的相关物理效应、研究现状以及发展方向等背景知识，提出本书主要研究的3种磁相变合金的磁效应；第2章介绍了块材、薄膜等磁相变合金样品的制备、表征以及相关磁效应的测试技术；第3章介绍了利用粘接取向的方法提高MnCoGe基磁相变合金复合材料磁致应变效应的研究和应用；第4章介绍了利用强磁场凝固的方法获得取向并且致密的 MnCoSi 基磁相变合金块材样品，实现室温低场可逆大磁致伸缩效应，并预测了该材料在工业上的应用；第 5 章介绍了利用电场调控 FeRh 磁相变合金薄膜的磁热效应，有效扩宽室温附近的制冷温区，对其物理机制进行深入研究，预测了其在微型器件制冷中的应用前景。

本书的出版得到国家自然科学基金项目（51801092、11504090）、河南省高等学校重点科研项目（19A140005），南京大学固体微结构国家重点实验室开放课题（M31035、M32058），河南省光电储能材料与应用重点实验室开放基金（PESMA201901）、洛阳理工学院高层次人才科研启动项目（2017BZ18）的资助，在此表示感谢！

本书是作者根据最近几年的研究工作总结而成，对几类典型的磁相变合金相关磁效应应用方面的工作做了一些探讨。由于水平有限，疏漏之处在所难免，敬请读者批评指正。

著　者

2020 年 5 月

目　录

第1章 相变概述

1.1 相变介绍

如果物质在一定的温度和压强下，其聚集状态或者结构形式与外界条件相适应，那么这种形式就是相。物质在自然界中以固、液和气三种相的形式存在着。当外部刺激，比如温度、压强、电场或磁场等连续变化达到临界值时，就会出现从一个相到另一个相的突变，这称为相变。其实，相变是发生在物质内不同的相之间的相互转变，其强调了物质形态的突变。相变在自然界中普遍存在，其表现的形式多种多样，大致可以归结为几类：①物质系统内部的结构变化。如自然界中常见的固—液—气三相之间的相互转变，还有固相中原子或离子聚集状态之间的转变和不同晶体结构之间的转变。②物质中某些有序结构的变化。如顺电体与铁电体之间的相互转变、顺磁体与铁磁体之间的相互转变等也会导致该物质的物理性质发生突变，这种突变经常会导致物质内部某种长程有序结构消失或出现。③构成物质的某一种原子或电子在局域态和扩展态之间的相互转变。如液态和玻璃态之间的相互转变以及非金属和金属之间的相互转变等。④构成物质的化学成分发生不连续的变化。如固溶体的脱溶分解或者脱溶沉淀等。实际上，物质发生的相变很复杂，可能是一种也可能是多种相变复合在一起。如钙钛矿材料在发生铁电相变的同时，其结构相变也一并发生。相变通常伴随有包括电学、磁学及介电性等物理性质，化学性质以及形状体积等的变化。人们可以根据这些相变现象进行研究，通过调控相变来控制材料的特性，还可以利用相变材料制成器件。本书所研究的磁相变合金在磁场诱导下，伴随着磁热效应、磁电阻效应、磁致伸缩效应或磁致应变效应等丰富多样的物理效应，具有广阔的应用前景。

1.1.1 固态相变特征

当外部条件（温度、压强、磁场或电场）改变时，金属或合金、陶瓷等固态材料的内部组织或结构发生变化，从一种相转变为另一种相，称为固态相变。相变前和相变后的相分别被称为母相（旧相）和新相。新相和母相之间必然存在着某些差异。这些差异主要体现在晶体结构、化学成分、应变能、界面能等方面，或者兼有几种差异。

固态相变发生的过程总是相同的，即固态相变以速度最快、阻力最小的方式沿着能量降低的方向进行。相变终态可能有差别，但是最后存在的新相最适合结构环境。固态相变特征包含以下几个方面：

(1) 相变驱动力。固态相变的相变驱动力为新相和母相之间的自由能差 ΔG，表示为 $\Delta G_{\alpha-\beta}=G_{\beta}-G_{\alpha}<0$，其来自点、线、面等各种晶体缺陷的储存能。储存能大小排列顺序为：界面能>线缺陷>点缺陷。

(2) 相变势垒。相变势垒即晶格改组时必须克服晶格中原子之间的引力。相变势垒与激活能以及外加机械应力有关。固态相变必须要克服相变势垒。

(3) 相变阻力。固态相变的相变阻力是界面能和弹性应变能。界面能提供能量大小的排列顺序为：界隅>界棱>界面。弹性应变能与新相和母相的弹性模量、比容差及新相的几何外形有关。

(4) 形核—长大过程。固态相变绝大多数都要经过形核过程以及长大过程。先是形核过程，即在母相中形成核胚（包含少部分的新相成分和结构）。当核胚尺寸大于某一临界点，核胚就开始变稳定而自发长大，形成新相的晶核。界面向母相方向的迁移其实就是新相晶核长大的过程。新相晶核长大的机制因固态相变类型不同而不同。比如，由于马氏体相变的新相和母相具有相同的成分，所以，新相晶核长大只需要界面附近的原子作短程扩散或者不扩散就可以进行。

1.1.2　固态相变基本类型

固态相变的种类比较多，分类方法不一。可以根据研究对象的共同点和不同点，将固态相变分为以下几类。

(1) 按热力学分类。 固态相变按热力学分类是根据温度和压强对自由能（G）的偏微分在相变点（T_C，P_C）的连续或者不连续，分为一级相变和二级相变。

根据热力学观点，系统平衡时总是处于 G 最小的状态。当外界条件（温度、压强）变化时，系统必将向自由能减小的方向变化。

在相变过程中新相和母相的自由能相等，即系统的自由能在相变前后是连续变化的。但是包括熵（S）、体积（V）、比热容（C_P）等自由能的各阶导数，有可能发生不连续的变化。相变级数 n 被定义为：系统的自由能在相变点时，其第 $n-1$ 阶导数保持不变，而第 n 阶导数是不连续的。

一级相变前后的两个相（1 相和 2 相），在 T_C、P_C 下，有 $G_1=G_2$ 而

$$\left(\frac{\partial G_1}{\partial T}\right)_P \neq \left(\frac{\partial G_2}{\partial T}\right)_P \tag{1.1}$$

$$\left(\frac{\partial G_1}{\partial P}\right)_T \neq \left(\frac{\partial G_2}{\partial P}\right)_T \tag{1.2}$$

因为$\left(\frac{\partial G}{\partial T}\right)_P=-S$，$\left(\frac{\partial G}{\partial P}\right)_T=-V$，所以$S_1\neq S_2$，$V_1\neq V_2$（图1-1）。一级相变的一个显著特征就是存在相变潜热。自然界中几乎所有发生晶体结构变化的固态相变为一级相变。一级相变还存在着一个特殊现象——热滞。这是因为虽然一级相变前后的自由能相等，但是结构重组需要越过势垒或者新相形成需要界面能为正值，导致升温、降温过程中相变温度不相等，产生热滞现象[1]。此外，在铁电体或铁磁体中，如果温度不变，电场或磁场变化往往也会发生电场或磁场诱导的一级相变，产生电滞或磁滞现象。

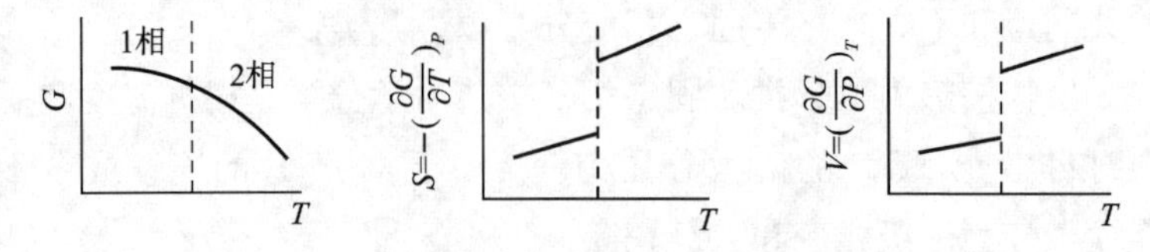

图1-1　一级相变中自由能、熵和体积的变化

二级相变又称为连续相变，相变前后两相在T_C、P_C时，自由能的一阶偏微分相等，而二阶偏微分不相等[2,3]。即：$G_1=G_2$，$S_1=S_2$，$V_1=V_2$（图1-2）。

$$\left(\frac{\partial G_1}{\partial T}\right)_P=\left(\frac{\partial G_2}{\partial T}\right)_P \tag{1.3}$$

$$\left(\frac{\partial G_1}{\partial P}\right)_T=\left(\frac{\partial G_2}{\partial P}\right)_T \tag{1.4}$$

而

$$\left(\frac{\partial^2 G_1}{\partial T^2}\right)_P\neq\left(\frac{\partial^2 G_2}{\partial T^2}\right)_P \tag{1.5}$$

$$\left(\frac{\partial^2 G_1}{\partial P^2}\right)_T\neq\left(\frac{\partial^2 G_2}{\partial P^2}\right)_T \tag{1.6}$$

$$\left(\frac{\partial^2 G_1}{\partial T\partial P}\right)\neq\left(\frac{\partial^2 G_2}{\partial T\partial P}\right) \tag{1.7}$$

将以上公式进行分析：

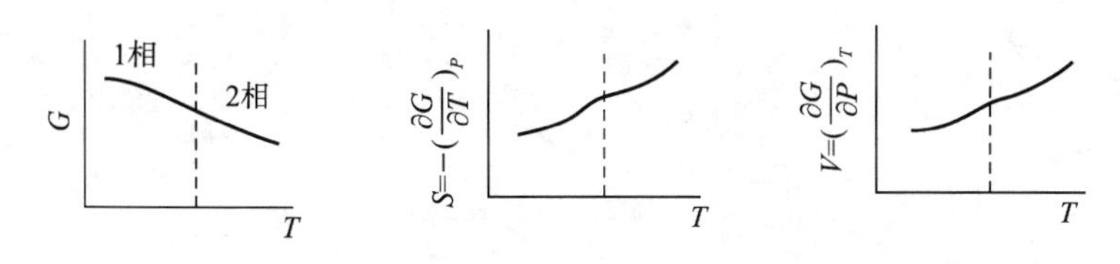

图 1-2　二级相变中自由能、熵和体积的变化

$$\left(\frac{\partial^2 G}{\partial T^2}\right)_P=\left(-\frac{\partial S}{\partial T}\right)_P=-\frac{C_P}{T} \qquad (1.8)$$

所以　$(C_P)_\alpha \neq (C_P)_\beta$（等压比热容不同）　(1.9)

$$\left(\frac{\partial^2 G}{\partial P^2}\right)_T=\left(\frac{\partial V}{\partial P}\right)_T=\left(\frac{\partial V}{\partial P}\right)_T\cdot\frac{V}{V}=K\cdot V \qquad (1.10)$$

所以　$K_1 \neq K_2$ [$K=\left(\frac{\partial V}{\partial P}\right)_T\cdot\frac{1}{V}$为等温压缩系数]　(1.11)

$$\left(\frac{\partial^2 G}{\partial T\partial P}\right)=\left(\frac{\partial V}{\partial T}\right)_P=\left(\frac{\partial V}{\partial T}\right)_P\cdot\frac{V}{V}=\gamma\cdot V \qquad (1.12)$$

所以　$\gamma_1 \neq \gamma_2$ [$\gamma=\left(\frac{\partial V}{\partial P}\right)_T\cdot\frac{1}{V}$为等压膨胀系数]　(1.13)

与一级相变相比，二级相变表现为相变发生时没有潜热、没有热滞、没有体积效应，S 和 V 连续变化而没有发生突变。但是包括等压比热容（C_P）、等温压缩系数（K）及等压膨胀系数（γ）在内的 3 个物理量，在相变前后均不相等，在相变点发生突变。图 1-3 为等压比热容随温度变化的曲线（C_P-T），表现出 λ 形状，所以二级相变也称为 λ 相变，二级相变点也称为 λ 点或居里点。固态相变中的铁电性和顺电性之间的相互转变、铁磁性和顺磁性之间的相互转变等均属于二级相变。

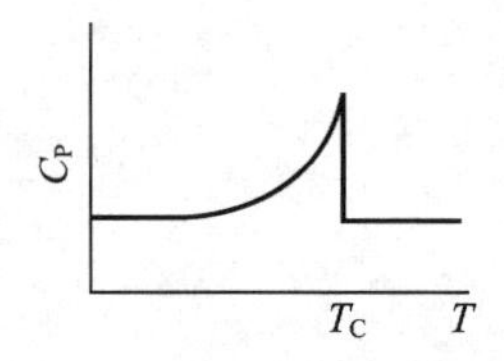

图 1-3　二级相变中比热容的变化

(2) 按相变方式分类。按相变方式可以将固态相变分为有核相变和无核相变。

有核相变指的是新相的晶核在母相内部形成，只不过形成方式有所不同，既可以均匀形成，也可以优先在某些部位形成。形成新相晶核后，晶核不断长大，最终完成相变。其实，有核相变就是通过新相晶核形成—长大的方式进行的。有核相变包括了大部分的固态相变。

无核相变不存在形核过程。以固溶体的成分起伏为开端，通过成分起伏形成高、低浓度区，但两浓度区没有明显界限，成分由高浓度区连续过渡到低浓度区，以后依靠上坡扩散使浓度差逐渐增大，导致一个单相固溶体分解成为成分不同而点阵结构相同的以共格界面相联系的两个相。

(3) 按原子迁移的特征分类。按原子迁移的特征可以将固态相变分为扩散型相变和非扩散型相变。

扩散型相变指的是相变过程中通过近程或远程原子扩散引起相界面发生移动。在该类相变中，原子扩散运动速度影响相变速率。在成分方面，新相和母相也存在着差异。新相和母相的比容存在差异，由此引起的体积变化并没有导致物质的宏观形状发生变化。如多晶转变、熔体析晶、固溶体脱溶分解以及有序相和无序相之间的转变等。

非扩散型相变指的是相变过程中，所有参与转变的原子的运动一致，没有发生原子扩散。晶体点阵通过原子有规则的迁移而重新组合。发生在相邻原子间的相对移动非常微小，而且相对位置也没有改变。非扩散型相变其实是因为原子在急速冷却过程没有发生扩散型相变而引起的。与扩散型相变不同的是，这类相变发生时，物质呈现宏观形状改变。相变前后两相的化学成分不变，但是两相之间还保持着一定的晶体学位向关系。如一些合金马氏体相变。

（4）按结构变化分类。按结构变化可以将固态相变分为重构型相变和位移型相变。

从图 1-4 中可以看出，高温母相结构转变到图 1-4B 的结构时，化学键断裂或重组引起较大的结构变化，称为重构型相变，并且相变伴有潜热，是一级相变。母相中的原子近邻关系被破坏，存在着原子的扩散。界面阻力大，转变速率慢。如碳的石墨—金刚石横向的转变（图 1-5）。

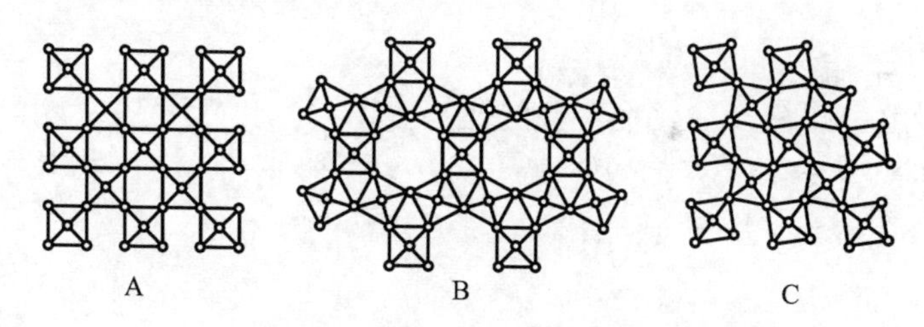

图 1-4　重构型相变与位移型相变结构示意

A. 高温母相结构　B. 重构型相变　C. 位移型相变

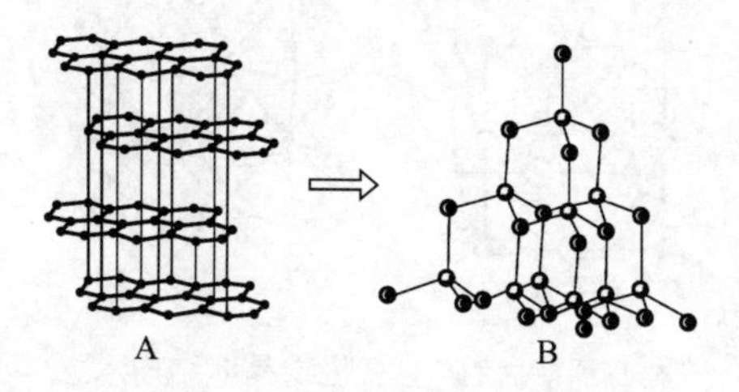

图 1-5　石墨（A）与金刚石（B）的晶体结构

图 1-4A 的高温母相结构转变成图 1-4C 的结构时为位移型相变。相变过程中，原子间的化学键并没有遭到破坏，晶胞内原子或离子位置发生微量相对位移，或键角发生微小转动，这称为位移型相变，并且相变前后原子近邻的拓扑关系不变，新相、母相两相是共格关系，并且存在着明确的位向关系。不存在原子的扩散，转变速率快。相变阻力主要是应变能阻力，并且比较小，相变潜热也很小甚至完全消失。所以，这类相变主要是二级相变或弱的一级相变。近年来，这类结构相变成为研究热点。例如：石英变体间的纵向转变（图 1-6）；钙钛矿氧化物的 ABO_3 型立方—四方结构转变（图 1-7）。钙钛矿在高温时具有立方结构，温度降低到相变温度，B 离子可沿某个四次轴方向发生微小的位移，导致立方结构转变成四方对称结构。这种相变的发生，使钙钛矿结构的晶体内部发生自发极化，进而转变成铁电体或反铁电体。

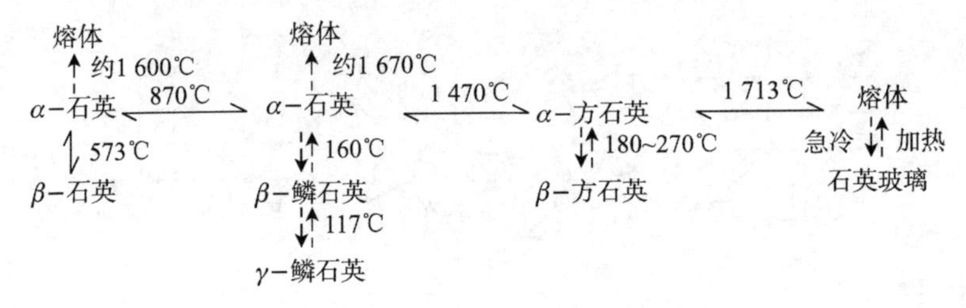

图 1-6　不同温度下石英变体间相变关系

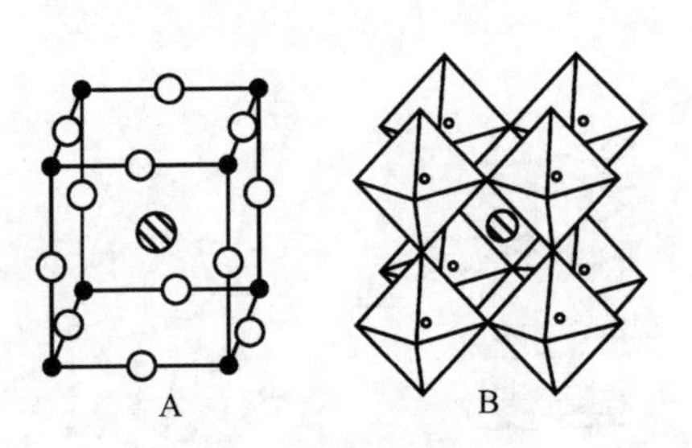

图 1-7　钙钛矿型氧化物晶体结构示意

A. 立方结构　B. 四方结构

还有一类晶格畸变型相变也属于位移型相变，这种相变发生时，会导致晶格发生畸变，产生切变或正应变，如本书中研究的 MM′X（M，M′是 3d 过渡族元素，X=Si，Ge）合金从六角 Ni_2In-型结构到正交 TiNiSi-型结构的马氏体相变。

1.2　磁性相变合金的物理效应

在磁场作用下，磁性相变合金会发生磁化强度的突变，产生磁热效应[4-14]、磁电阻效应[15-18]、磁致伸缩效应和磁致应变效应[19-25]等一系列丰富的物理效应。如果是一级磁相变，还会伴随着相变潜热。这类合金在磁制冷机、磁传感器、制动器等领域有着潜在的应用前景而受到人们的广泛关注。

1.2.1　磁热效应

随着科技的发展，人们的环保意识逐渐增强。而当今大多数制冷技术是蒸气压缩式制冷，采用的制冷工质是氨、二氧化碳和氟利昂等轻烃的卤代物质，而常用的氟利昂消耗臭氧。人工合成替代制冷剂被用来取代氟利昂，但这类工质通常会引起温室效应导致全球变暖。此外，传统制冷技术也存在着能源消耗大的问题。所以，人们迫切需要开发新型环保、节能高效的制冷技术。以磁性材料的磁热效应（MCE）为基础的磁制冷（MR）因其绿色环保、高效[26-36]，对臭氧层无破坏作用，无温室效应，而且磁性工质的磁熵密度比气体的大，因此制冷装置可以更加紧凑，并且该制冷技术在试验上可以实现高度可逆性，理论上可以达到卡诺循环效率，实际也能达到卡诺循环的 60%左右，并且不需要气体压缩制冷机，振动和噪声都小，稳定可靠。所以，磁制冷正迅速成为与传统气体压缩技术相竞争的制冷技术。

当今社会，科技高度发展导致国家对低温制冷剂的需求逐年增大。液氦和液氮在 1.01325×10^5 Pa 气化的温度分别是 4.2 K 和 77 K，它们在超导、低温物理、物性测量、医疗行业等方面有着广泛的应用。液氢和液氧在 1.01325×10^5 Pa 气化的温度分别是 20.4 K 和 90 K，作为重要的燃料和氧化剂，广泛应用于国防、航天、汽车制造等方面。获得液氦、液氮、液氢、液氧都需要借助制冷技术实现，而借助磁制冷就可以达到极低温条件。当今科学研究的发展趋势是开展极端条件下的科研工作，其中包含低温和极低温环境下的研究工作，而这些温度环境也可以通过磁制冷技术来实现。室温磁制冷技术是具有潜在应用价值的制冷技术，可以应用在家用电器、工业、农业、交通、医疗、军事和科学研究等领域，将会产生巨大的经济、社会效益。

1881 年，Warburg 首先在金属 Fe 中发现磁热效应。后来，科学家发现磁热效应是所有磁性材料固有的现象。通过施加磁场和撤离磁场，可以引起磁性材料吸收热量和释放热量，这种现象被称为磁热效应或磁卡效应[26-36]。而磁性材料的这种升温和降温以应对磁场变化的现象类似气体工质在绝热压缩与膨胀过程中的吸热和放热过程。因此，磁性材料可以作为固态制冷工质应用在磁制冷技术中。磁性材料是由磁矩、晶格和传导电子三部分体系构成，所以在磁场施加和去除过程中产生的熵变（ΔS）由磁熵变（ΔS_M）、晶格熵变（ΔS_L）和电子熵变（ΔS_E）三部分组成[26,27]。对于低温（>20 K）磁制冷材料，ΔS_L 和 ΔS_E 比较小，可以忽略不计。而对于温度>80 K 的磁制冷材料，ΔS_L 比较大，已不能被忽略，但 ΔS_E 仍然很小，仍然可以忽略不计。所以，如图 1-8 所示，一般可以把磁性材料分为两个子体系：磁矩和晶格。在有限温度、无外磁场作用的情况下，磁性材料的磁矩会波动，晶格会振动。图 1-9 表示一个典型的磁制冷循环，分为四步：①当施加外磁场后，磁矩平行磁场方向，磁熵减小，如果磁化过程绝热，降低的磁熵是对增加的晶格熵的补偿，导致体系温度升高；②应用传热流体（一般是水）可以将体系冷却到最初的温度，放出热量；③绝热去磁化，磁熵增大，晶格熵和体系温度降低；④通过传热流体吸收热量，使体系温度升高到最初温度。而一般选取磁制冷工质的标准是要求其 ΔS_M 在总熵变中所占的比例尽可能大，所以要尽可能选取具有高磁化强度的铁磁性材料。

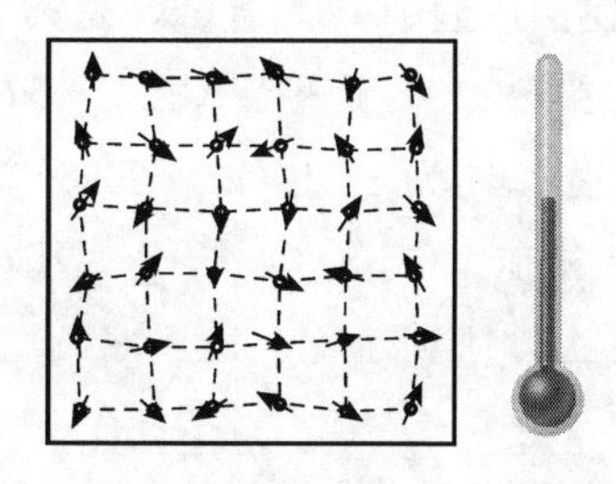

图 1-8　磁性材料的磁矩和晶格

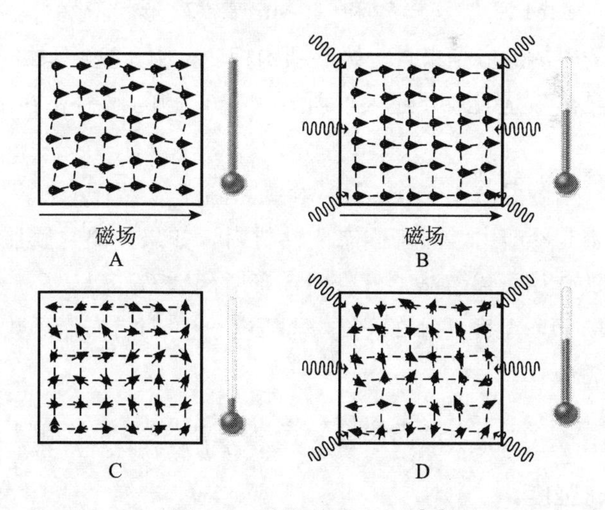

图 1-9　磁制冷循环示意[32]

A. 绝热磁化　B. 释放热量　C. 绝热去磁　D. 吸收热量

铁磁性金属 Gd 单质因其居里温度在室温附近，并且其在二级相变点（居里温度）有显著的磁热效应而得到了科学家广泛的关注[26,37]，其在 0～5 T 磁场作用下，最大 ΔS_M约为 11 J/(kg·K)，在 0 ～ 2 T 磁场作用下，最大 ΔS_M 约为 5.6 J/(kg·K)(图 1-10)。由于是二级相变，无热滞，所以目前的磁制冷机主要是以这种材料作为制冷工质。随着科学家的进一步研究，在一些一级相变磁性材料中也陆续发现了可观的室温磁热效应，如 Fe-Rh（Fe 和 Rh 比例接近 1∶1）合金，是第一个被发现具有室温巨磁热效应的材料[26]。对于 $Fe_{48}Rh_{52}$，其在 0～5T 磁场下，在 300 K 时，最大 ΔS_M约为 12 J/(kg·K)。其磁热效应来自磁场诱导的一级磁弹相变。Gd-Si-Ge 合金，其在 0～2T 磁场下，在 300 K 时，最大 ΔS_M达到 14 J/(kg·K)；在 0～5T 磁场下，最大 ΔS_M达到 18 J/(kg·K)。与 Fe-Rh 合金、Gd-Si-Ge 合金类似，La-Fe-Si 合金的磁热效应也是来自磁场诱导的一级磁弹相变。还有 MM′X 合金[38-40]和 Ni-Mn 基铁磁形状记忆合金[41,42]，其巨大的磁热效应是来自一级磁结构相变。由于这些一级磁相变材料的磁热效应比 Gd 还大，所以，对它们的研究还在继续进行中。

通常用等温磁熵变（ΔS_M）和绝热温变（ΔT_{ad}）来衡量磁性材料的磁制冷能力。对于固态磁性材料，如果忽略热膨胀影响，压强 P 的作用可以忽略，可以用吉布斯函数 G（M，T）来表示其在磁场 H，温度 T 下的热力学性质。通过对吉布斯函数微分：

磁熵：

$$S_M(M,\ T) = -\left(\frac{\partial G}{\partial T}\right)_H \tag{1.14}$$

磁化强度：

$$M(T,\ H) = -\left(\frac{\partial G}{\partial H}\right)_T \tag{1.15}$$

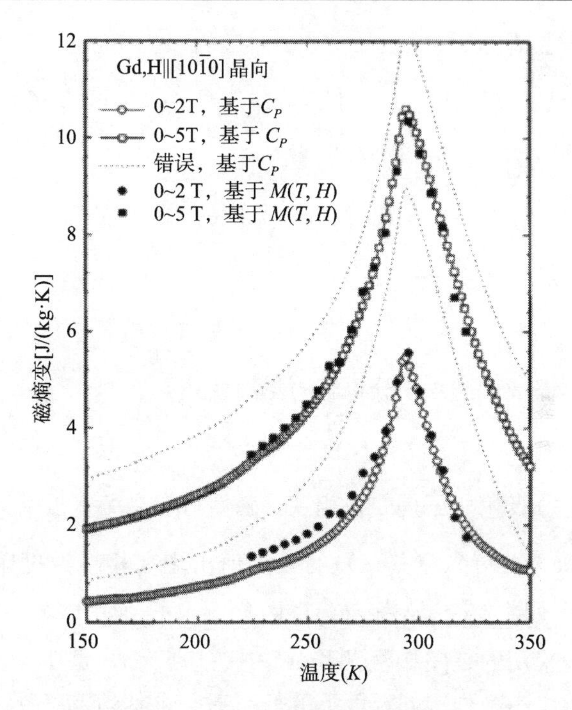

图 1-10　Gd 单晶的磁热效应[37]

熵的全微分：

$$\mathrm{d}S_{\mathrm{M}}\ (T,\ H)\ =\left(\frac{\partial S}{\partial T}\right)_H dT+\left(\frac{\partial S}{\partial H}\right)_T \mathrm{d}H \tag{1.16}$$

磁场不变时，磁比热：

$$\mathrm{C}_H=T\left(\frac{\partial S}{\partial T}\right)_H \tag{1.17}$$

由方程（1.14）和（1.15）得到热力学麦克斯韦关系：

$$\left(\frac{\partial S}{\partial H}\right)_T=\left(\frac{\partial M}{\partial T}\right)_H \tag{1.18}$$

把方程（1.17）和（1.18）代入（1.16）得到：

$$\mathrm{d}S_{\mathrm{M}}(T,\ H)=\frac{C_H}{T}dT+\left(\frac{\partial M}{\partial T}\right)_H \mathrm{d}H \tag{1.19}$$

①等温情况下：

$$dT=0,\ dS_M(T,\ H)=\left(\frac{\partial M}{\partial T}\right)_H dH \quad (1.20)$$

对（1.20）积分得到等温磁熵变：

$$\Delta S_M(T,\ H)=\int_0^H\left(\frac{\partial M}{\partial T}\right)_H dH \quad (1.21)$$

②绝热情况下：

$$dS=0,\ dT=-\frac{T}{C_H}\left(\frac{\partial M}{\partial T}\right)_H dH \quad (1.22)$$

对方程（1.22）积分得到绝热温变：

$$\Delta T_{ad}(T,\ H)=-\int_0^H\frac{T}{C_H}\cdot\frac{\partial M}{\partial T}dH \quad (1.23)$$

不论一级相变还是二级相变，磁性材料在相变点附近磁化强度M有突变，导致（$\frac{\partial M}{\partial T}$）的极大值出现在相变温度附近。因此，等温磁熵变$\Delta S_M$在相变温度附近也会出现峰值[43]。

一般采用的是间接法测量M，这是因为M是T和H的函数。先测出一系列不同温度下的等温磁化曲线（M-H），然后对方程（1.21）积分得到等温磁熵变ΔS_M：

$$\Delta S_M(T,\ H)=\int_0^H\left(\frac{\partial M}{\partial T}\right)_H dH=\frac{\partial}{\partial T}\int_0^H M(T,\ H)\,dH \quad (1.24)$$

如果能测量出零场下的比热容，还可以得到绝热温变ΔT_{ad}。目前，这种方法因简单、可重复，所以被广泛应用。但是最近，有人提出这种方法不适合计算一级相变的磁熵变，是由于磁不可逆性和混合相引起计算结果出现虚高值[44]。针对这一问题，研究者发现如果改进测量或计算方法，可以避免这种情况的出现[45-50]。

1.2.2 磁致伸缩效应和磁致应变效应

铁磁性材料在外磁场作用下，材料自身的线度会随着磁化状态的变化而变化，这种现象被称为磁致伸缩效应。由于这种现象是焦耳（Joule）在1842年首次发现，所以也称为焦耳效应[51]。磁致伸缩效应是所有磁性材料固有的本质，其可分为两类：线磁致伸缩效应和体磁致伸缩效应。如果在外磁场作用下铁磁体线度发生伸长或缩短称为线磁致伸缩效应。如果体积随着磁化强度的变化膨胀或收缩则被称为体磁致伸缩效应。由于体磁致伸缩效应通常随外磁场变化很小，因此人们主要研究的是线磁致伸缩效应，通常说的磁致伸缩效应主要指的是线磁致伸缩效应。如果铁磁性材料的磁化强度随着材料自身受到应力发生形变而发生改变，这种现象被称为磁致伸缩的逆效应，也被称为压磁现象或维拉里效应[52]，表明铁磁性材料的形变与磁化状态有密切的关系。

自从19世纪中叶发现磁致伸缩效应到现在，人们一直致力于研究和开发具有这一效应的材料，即磁致伸缩材料。从传统的金属、合金、铁氧体、非晶金属到现在的Laves相的稀土巨磁致伸缩材料。与压电材料相比，磁致伸缩材料具有很多优点，比如机械能—电能转换效率高、响应时间短、能量密度大等。其在磁（电）—声换能器、磁（电）—机械制动器、传感器敏感元件等领域有很高的应用价值。

广义上的磁致伸缩材料包括顺磁性材料和抗磁性材料在内的所有磁性材料。只不过上述这两种材料的磁致伸缩系数都很小，实用价值不大。自焦耳发现铁棒的磁致伸缩效应以后，科研工作者对磁致伸缩的研究一直在进行着。经过近一个多世纪的探索研究，巨磁致伸缩效应在一些重稀土单质中被发现，比如，Ho的磁致伸缩值达到了2×10^{-3}[53]，Dy更是高达4×10^{-3}[54]。一般的重稀土单质的居里温度很低，实用价值比较小。为了提高居里温度，人们通过掺杂$3d$过渡族元素到稀土元素形成合金，虽然磁致伸缩值有所减少，但却实现了室温下的磁致伸缩。如$TbFe_2$在室温的饱和磁致伸缩值也有1×10^{-3}，但其磁晶各向异性也很大，因此其所需的外磁场（>2.5 T）比较高，不利于实际应用。为了降低磁晶各向异性场而又保证不减少磁致伸缩值的情况下，Clark 等[55]用磁晶各向异性符号相反而磁致伸缩符号相同的稀土元素与 Fe 形成赝二元合金或三元合金满足了以上要求。1974 年，此课题组又发现 $Tb_{1-x}Dy_xFe_2$ 合金在室温低磁场（1 T）的磁致伸缩值在 $x=0.27$ 时达到一个峰值（1.64×10^{-3}）[56]（图 1-11）。这就是著名的磁致伸缩材料 Terfonl-D，其已被广泛应用在声呐换能器、传感器等领域。但由于其制备成本高，再加上脆性高和制备工艺复杂等因素，在一定程度上制约了其实际应用。近年来，Fe-Ga类合金作为磁致伸缩材料，具有低饱和磁场、良好的塑性等优点，得到科研工作者的广泛深入研究[57-60]，但该材料的磁致伸缩值相对较小且包含贵重金属 Ga，也限制了它的应用。

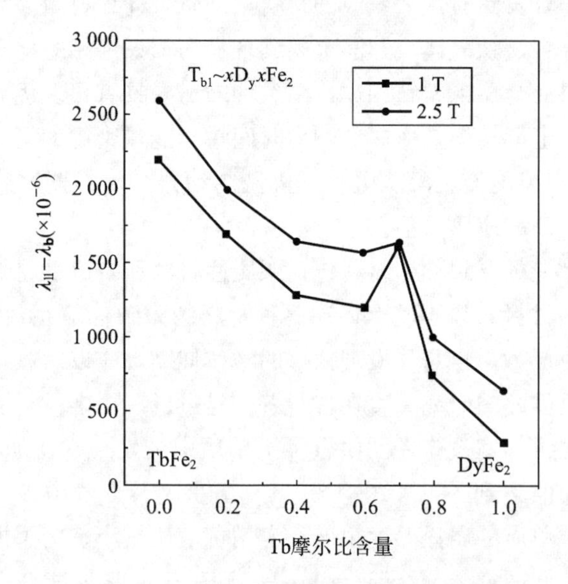

图 1-11　$Tb_xDy_{1-x}Fe_2$ 系列合金的磁致伸缩

对于一般的铁磁性材料，普遍认为其磁致伸缩来自原子或离子的轨道耦合和自旋轨道耦合叠加。比如，Laves 相 $REFe_2$ 系化合物，其磁致伸缩效应来自稀土元素的 4f 电子的轨道-自旋耦合，产生自发磁致伸缩。从自由能的角度，当磁性材料受到外界磁场作用使其磁化状态发生改变时，为保证系统的总能量最小，其自身的形状和体积也会随之改变。材料的磁致伸缩与材料自身的自发磁化紧密相关[61,62]。可以用磁致伸缩的唯象机制解释（图 1-12）。首先，材料必须有自发磁化，这是产生磁致伸缩的前提条件。对铁磁或亚铁磁材料来说，当其温度在居里温度以上时，材料内的原子磁矩杂乱无章排列。当温度低于居里温度时，发生自发磁化，材料内部出现大量磁畴。磁畴的磁化方向沿着某一易磁化方向，并在这一方向发生晶格畸变。并且晶格畸变量与易磁化方向和材料自身有关，直接决定了材料在磁化时产生的磁致伸缩大小。材料内磁畴的磁化方向在没有施加外磁场时是随机取向的，宏观上不显示效应。其次，在外加磁场作用下磁畴要发生畴壁移动和磁畴转动，结果导致磁体尺寸发生变化，如果材料沿着外场方向伸长，是正磁致伸缩。反之，在外场方向缩短，则是负磁致伸缩。

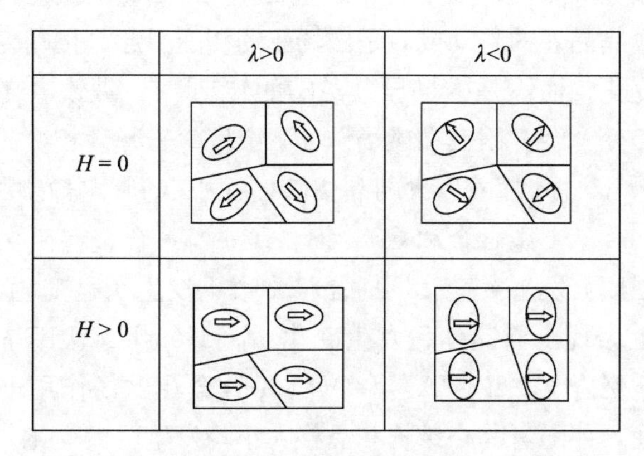

图 1-12　磁致伸缩的唯象机制

但对于一般的磁性材料，其磁致伸缩很难检测出来，这是因为微观上自发磁化引起的晶格畸变量非常小，很难通过仪器检测出来。一般认为铁磁相变发生时，只有磁畴的磁化方向发生变化，而晶体结构没有改变。这一结论一直存在争议。直到最近，西安交通大学杨森课题组利用同步辐射方法检测出了 $CoFe_2O_4$ 和 $Tb_{0.3}Dy_{0.7}Fe_2$ 的自发磁化引起的晶格畸变量，并且发现铁磁相变同时包含了磁有序和晶格结构的变化（图 1-13）。从图 1-13A 中看出，铁磁态 $CoFe_2O_4$ 的两个衍射峰｛800｝和｛880｝的分别劈裂为强度为 2∶1 和 1∶2 两个峰，而｛888｝衍射峰并没有发生劈裂，说明 $CoFe_2O_4$ 在自发磁化后，已经从立方对称结构转变为四方对称结构，并且自发磁化引起易磁化轴（c 轴）收缩[63]；同样，从（图 1-13B）中可以观察到，在 300 K 下 $Tb_{0.3}Dy_{0.7}Fe_2$ 的｛800｝衍射峰没有发生劈裂，而｛440｝和｛222｝衍射峰则劈裂为强度为 1∶1 和 1∶3 的两个峰，这说明此时材料为菱方对称性结构。相比于顺磁态的立方结构，说明其晶格在[111]（易磁化轴）方向伸长[63]。这些现象说明了不同方向的自发磁化和晶格结构变化存在相互耦合的关系。

磁致应变效应不同于磁致伸缩效应，是因为应变是来自磁场诱导的孪晶晶界的移动或者是磁场驱动相变引起晶格畸变或者晶格结构变化，而不是磁场导致磁畴的转动[61]。磁致应变材料主要是磁相变合金，因其在磁场诱导下会发生磁弹性相变或磁结构相变[64-68]，并伴随着巨大的晶格畸变而引起科学家的关注。比如，$LaFe_{13-x}Si_x$ 系合金和 $Gd_5(Si_{1-x}Ge_x)_4$ 系合金在磁场驱动下其磁化强度会发生突变，同时晶格常数也发生明显变化，所以，在宏观上表现出样品体积发生变化。而 Heusler 型 Ni-Mn 基铁磁形状记忆合金（FSMA）和 MM′X 合金在磁场作用下发生马氏体相变，伴随着晶格结构和晶格大小均发生巨大变化。但通常情况下，这些磁相变合金在磁场撤去后其应变很难恢复，类似于

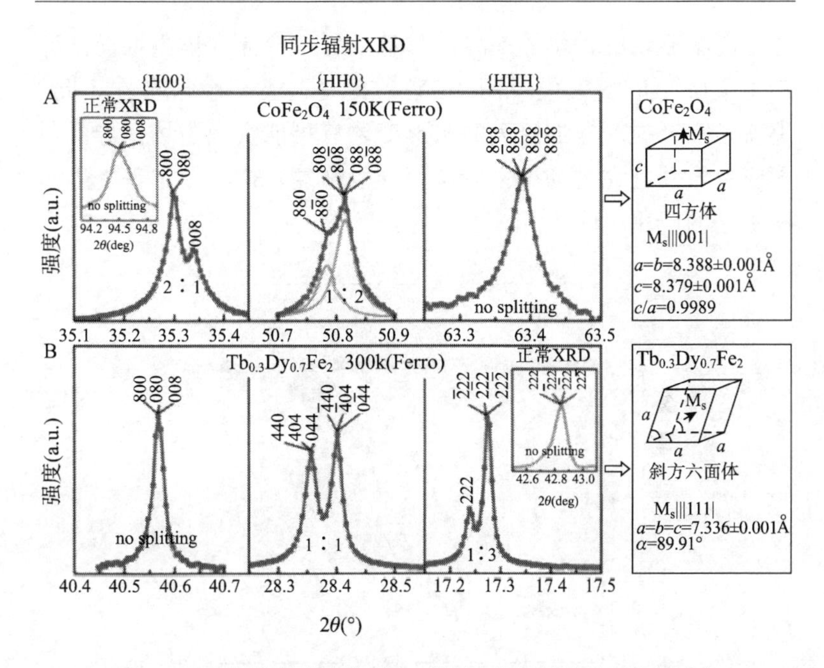

图 1-13　不同材料在自发磁化后的同步辐射图谱和晶格畸变

A. $CoFe_2O_4$　B. $Tb_{0.3}Dy_{0.7}Fe_2$

（Å 为非法定计量单位，1Å＝10^{-10}m）

“单程的磁致伸缩效应”，所以这类效应被称为磁致应变效应。

1996 年，Ullakko 等[61]首次报道了在铁磁形状记忆合金 Ni_2MnGa 的单晶中发现磁致应变效应，其在 265 K、0.8 T 磁场驱动下在［001］方向的磁致应变值可达 2×10^{-3}，这一结果接近于稀土巨磁致伸缩材料 Terfornal-D 的磁致伸缩值[69]。随着深入研究，2002 年，Sozinov 等又报道了 $Ni_{48.8}Mn_{29.7}Ga_{21.5}$ 单晶在 1 T 磁场下获得了 9.5×10^{-2} 的巨磁致应变值[70]（图 1-14），这是目前所报道的所有磁性材料中获得的最大磁致应变值。这类合金高温下的奥氏体相是立方 $L2_1$ 结构，而低温下的马氏体相具有多种可调制的变体，形成孪晶。值得注意的是，这里磁场驱动的是孪晶晶界的移动，导致孪晶变体重取向从而产生了磁致应变效应（图 1-15）。但是这类合金也存在不足，那就是需要提前施加巨大的预形变才有可能实现磁场诱导的巨大应变，并且在磁场撤去后应变难以恢复，这在一定程度上阻碍了它的应用。

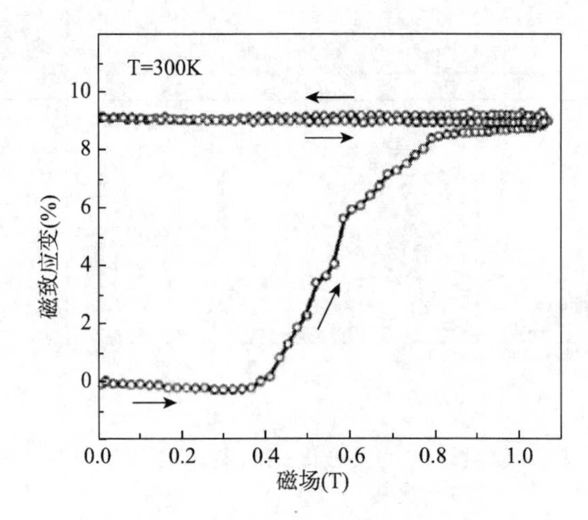

图 1-14　$Ni_{48.8}Mn_{29.7}Ga_{21.5}$ 单晶的磁致应变

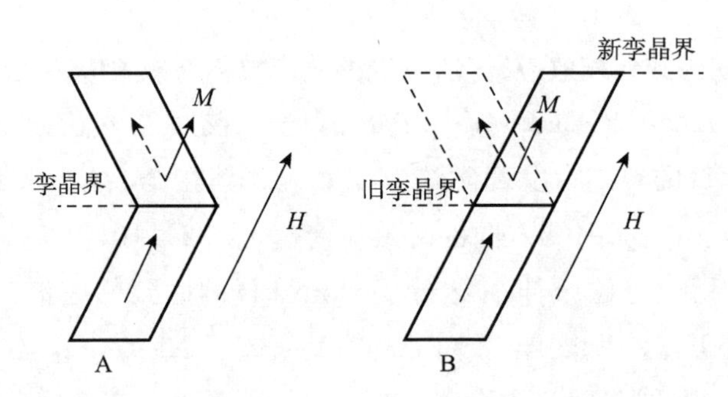

图 1-15　磁场驱动 Ni-Mn-Ga 孪晶晶界移动的理论模型示意

2006 年，Kainuma 等[71] 在 *Nature* 上发表了 NiCoMnZ（Z＝In、Sn、Sb）合金在磁场驱动下发生从低温顺磁马氏体向高温铁磁奥氏体转变的逆马氏体相变的文章，同时发现在这类合金中也存在磁致应变效应。图 1-16 表示磁场驱动 NiCoMnIn 单晶的逆马氏体相变和磁致应变。从图 1-16 中可以看到，NiCoMnIn 单晶在 0～7 T 磁场变化下的等温磁化曲线，温度范围为 270～300 K。当磁场达到 5 T 以上时，开始驱动铁磁奥氏体在顺磁马氏体中形核长大，并最终导致马氏体全部转变为奥氏体，材料恢复成奥氏体的形状；磁场撤去时，奥氏体又重新变成马氏体。这种奇特的行为现象就是磁场驱动双程可逆马氏体相变和形状记忆效应。图 1-16B 显示，在室温附近，高于 2 T 的磁场驱动的马氏体逆相变导致出现高达 3×10^{-2} 的大磁致应变值，但它也同 Ni-Mn-Ga 合金类似，其应变也是单程的，不可恢复到原来尺寸，而且还必须先对样品施加 3%的预应变，否则无法测量该材料的磁致应变值。

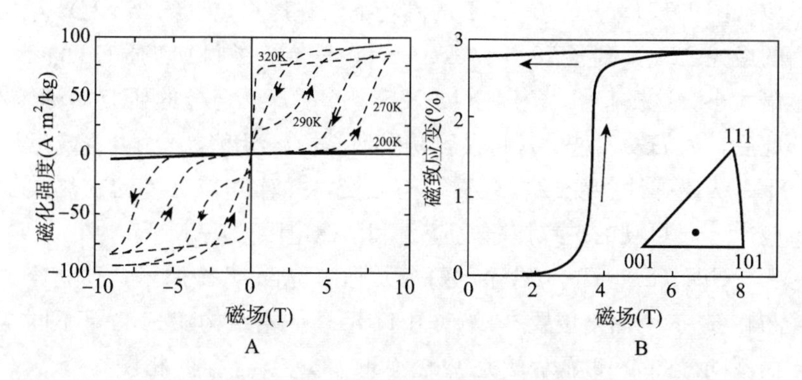

图 1-16 NiCoMnIn 单晶的（A）磁场驱动逆马氏体相变和（B）磁致应变[74]

因此，开发同时具有大磁致伸缩、低成本、可恢复及具有良好机械性能的新型磁致伸缩材料仍然是当前国际磁性材料领域的研究重点之一。

1.3 磁相变合金的研究现状及发展

磁性相变合金可以分为一级磁相变合金和二级磁相变合金；根据晶格结构变化又可分为磁弹性相变合金和磁结构相变合金。因其在磁场作用下在相变点附近表现出诸如磁热效应[4~14]、磁致伸缩效应或磁致应变效应[19~25]、磁电阻效应[15~18]、磁驱形状记忆效应[71]、磁驱超弹性效应[72]、霍尔效应[73]、交互偏置[74]等丰富的物理现象，并且容易调控，所以有很好的应用前景。

1.3.1 Gd_5 $(Si_{1-x}Ge_x)_4$合金

Pecharsky 等[33,75]发现 $Gd_5Si_2Ge_2$ 合金中存在室温大磁热效应（图 1-17），其在 0～5 T 的磁场下，在居里点（约 274 K）时的最大 ΔS_M达到了 18.5 J/(kg・K)，是传统磁制冷工质 Gd 的 2 倍大小。这掀起了大家对 Gd_5 $(Si_{1-x}Ge_x)_4$ 系合金的研究热潮。此后，人们发现这类材料很容易受到磁场、温度、压力的影响发生一级磁弹性相变或一级磁结构相变，并伴随着巨大的磁热效应[76,77]、可观的磁致伸缩效应[78]和巨磁电阻效应[79,80]。

Gd_5 $(Si_{1-x}Ge_x)_4$合金的每个元胞内包含 36 个原子，独立分布在 6～8 个晶格位置[81~83]（图 1-18），晶格结构随 Si 含量不同而不同。图 1-19 显示的是 Gd_5 $(Si_{1-x}Ge_x)_4$ 合金的相图[33]，从中可以看到，在室温附近其有 3 种结构：两边的分别是 Sm_5Ge_4（$x \leqslant 0.32$）和 Gd_5Si_4（$x > 0.56$）型结构，中间的是 $0.42 \leqslant x \leqslant 0.52$（Si 含量）的样品，它显示出是 $Gd_5Si_2Ge_2$ 型结构。中间阴影部分表示两相共存区。其相变温度对 Si 和 Ge 之间的比例相当敏感。从室温到低温过程中，富 Si 样品的磁结构经历了顺磁相—反铁磁相—铁磁相的转变，同时晶体结构也从 Sm_5

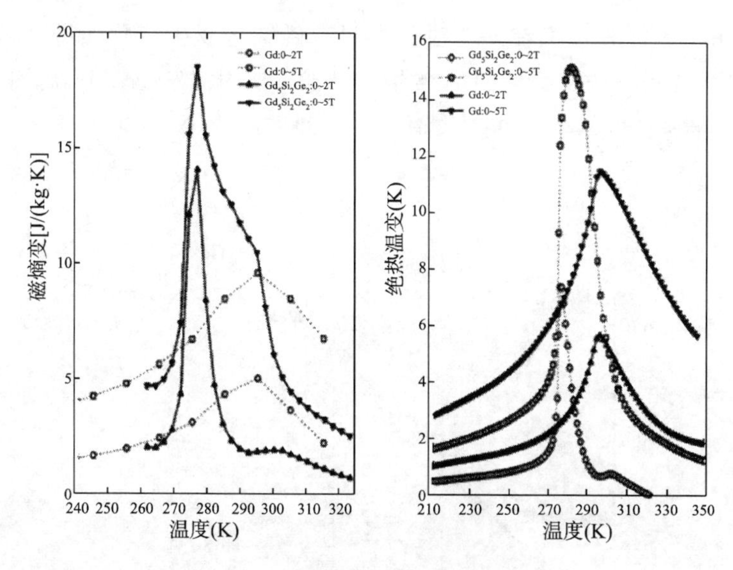

图 1-17　$Gd_5Si_2Ge_2$ 合金的磁热效应

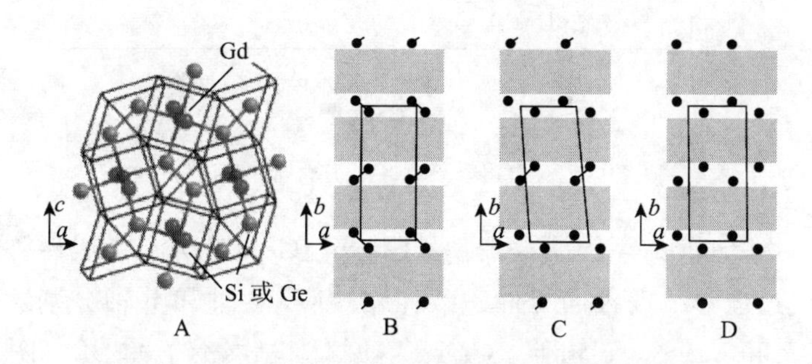

图 1-18　Gd_5 $(Si_{1-x}Ge_x)_4$ 合金在室温下的晶格结构

A. Gd_5 $(Si_{1-x}Ge_x)_4$元胞　B. $0.5<x<1$

C. $0.24<x<0.5$　D. $0<x<0.2$

Ge_4 相转为正交的 Gd_5Si_4 相。对于中间 Si 含量的样品，降温过程中，其从顺磁的单斜 $Gd_5Si_2Ge_2$ 结构转变成铁磁的正交 Gd_5Si_4 结构。这个范围的合金表现出较高的居里温度和大磁热效应，这有利于实际应用。当在 $x>0.56$ 时，样品呈现出单一的

Gd_5Si_4型结构，其在降温过程中只有磁结构发生变化，即从顺磁态转变成铁磁态，随Si含量的增加，居里温度也在升高，比Gd单质293 K的居里温度高，但磁热效应较小。

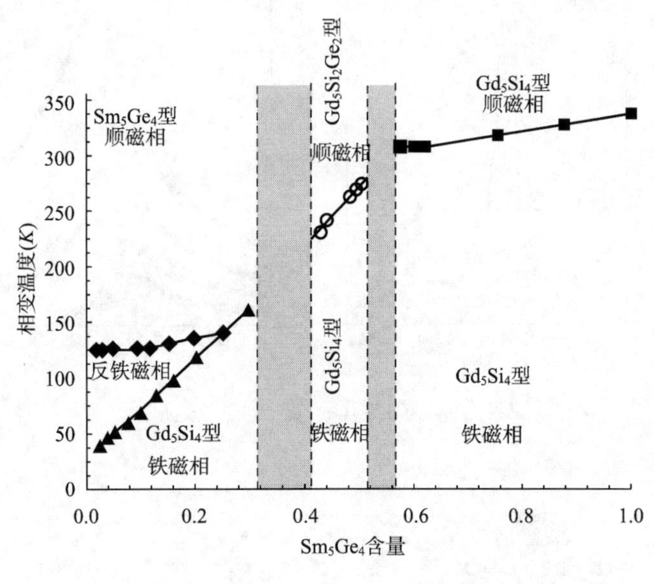

图 1-19　Gd_5 $(Si_{1-x}Ge_x)_4$合金的相图

Morellon 等[24]研究发现，$Gd_5Si_{1.8}Ge_{2.2}$合金在一级磁弹性相变过程中出现各向异性磁致伸缩效应，a 轴和 b 轴分别缩短 0.9%和 0.1%，c 轴伸长 0.2%，总体积收缩约 0.4%（图 1-20）。因此Gd_5 $(Si_{1-x}Ge_x)_4$合金也是一种潜在的磁致伸缩材料。但是，Gd_5 $(Si_{1-x}Ge_x)_4$合金存在两个缺陷，即驱动磁场过大，并且磁滞很大，这也阻碍了它的实际应用。

1.3.2　$LaFe_{13-x}Si_x$合金

1983 年，Palstra 等首次报道$LaFe_{13-x}Si_x$合金具有$NaZn_{13}$型结构，后来，人们发现$LaFe_{13-x}Si_x$合金只有在 $1.56 \leqslant x \leqslant$

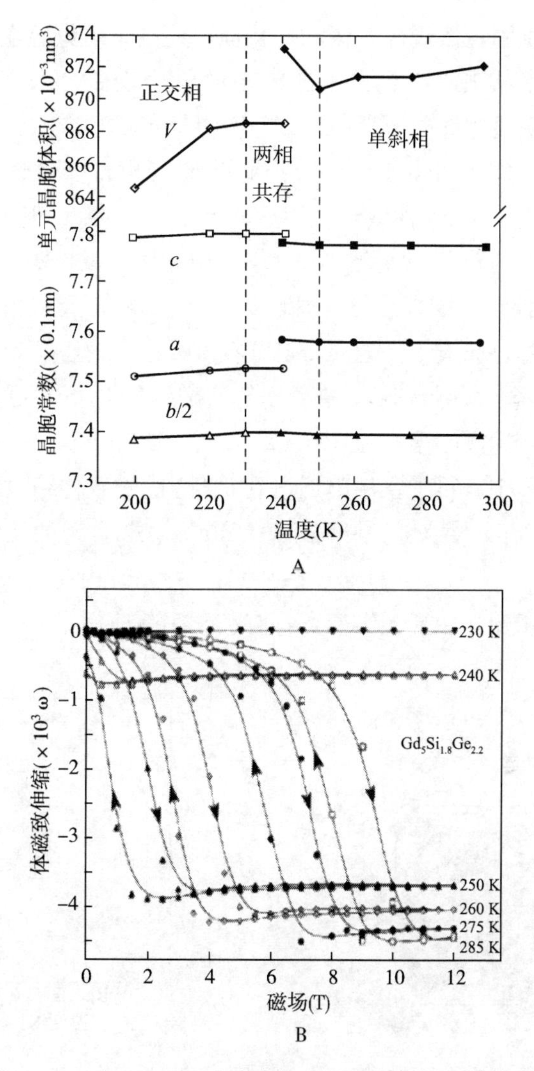

图 1-20　$Gd_5Si_{1.8}Ge_{2.2}$ 合金在相变过程中的晶格常数变化和体磁致伸缩效应[24]

2.47 时才具有 $NaZn_{13}$ 型结构（图 1-21）。此后，胡凤霞等[83] 合成的低 Si 含量（$x \leqslant 1.3$）的合金也具有 $NaZn_{13}$ 结构，并且发现

在居里温度附近表现出一级相变特征，在高于居里温度时，磁场诱导其发生从顺磁态到铁磁态的巡游电子变磁性（IEM）[84-88]，晶胞发生明显收缩[89]（图 1-22），说明其相变具有磁弹耦合的特征。从图 1-23A 可以看到，等温磁化曲线出现变磁性行为，图 1-23B 显示其 Arrot 曲线出现明显的 S 形，说明其相变是一级磁弹性相变。随着 Si 含量增加到 1.6，相变从一级相变过渡到二级相变[83]。此外，胡凤霞等还发现 $LaFe_{11.4}Si_{1.6}$ 合金在相变过程中出现大的磁热效应[89]（图 1-24）。在 0～2 T 磁场下其磁熵变峰值达到 14.3 J/(kg・K)，在 0～5 T 磁场变化下，更是达到了 19.4J/(kg・K)，远大于 Gd。2001 年，Fujita[88] 在 La（$Fe_{0.88}$ $Si_{0.12}$）$H_{1.0}$ 中获得了室温附近达到 0.3%的磁致伸缩效应（图 1-25）。2013 年，黄荣进等[90] 发现 $LaFe_{13-x}Si_x$ 合金的巨大负热膨胀效应（图 1-26），并且通过掺杂 Co，可调节相变从一级相变转变成二级相变，相变温区变宽，有利于实际应用。

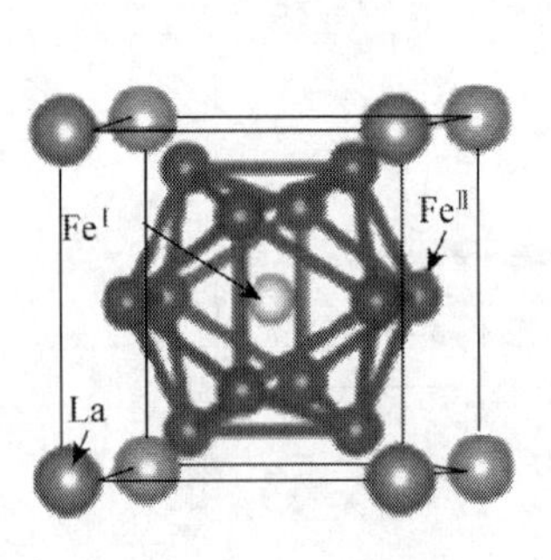

图 1-21　$NaZn_{13}$ 型结构

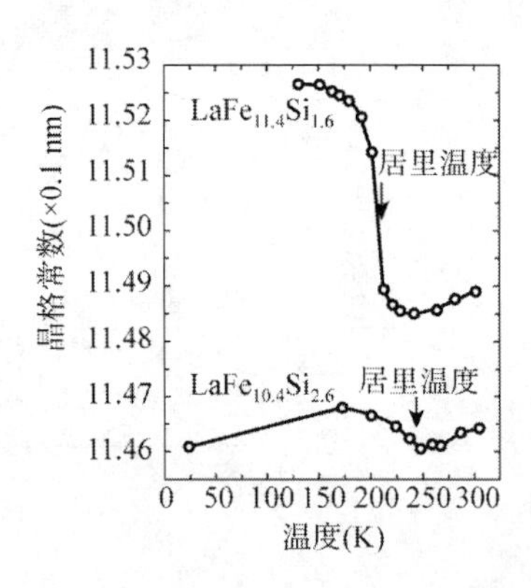

图 1-22　$LaFe_{13-x}Si_x$ 合金晶格常数随温度的变化

但是 $LaFe_{13-x}Si_x$ 合金也存在一个问题，就是具有大磁熵变的材料通常其居里温度远低于室温，大约是 200 K，为解决这一难题，通常采用间隙位原子掺杂或者元素替代增加其磁有序温度。通过少量 Co 替代 Fe 可以将 $LaFe_{11.9-x}Co_xSi_{1.1}$ 的一级相变调为二级相变，致使该材料的居里温度明显增加，当 $x=0.7$ 时居里温度达到了 274 K，在 0～5 T 磁场作用下其磁熵变峰值达到了 20.3 J/(kg·K)[91]，但是相比一级相变产生的磁熵变峰值还是有所减少。另外，通过吸氢[92]方法可以维持一级相变的特征，有效提高磁热效应，但是氢容易在高温下跑出，导致材料性能不稳定。还有渗碳[93,94]的方法也可以有效提高居里温度，但对磁热效应影响不大，甚至降低磁热效应。

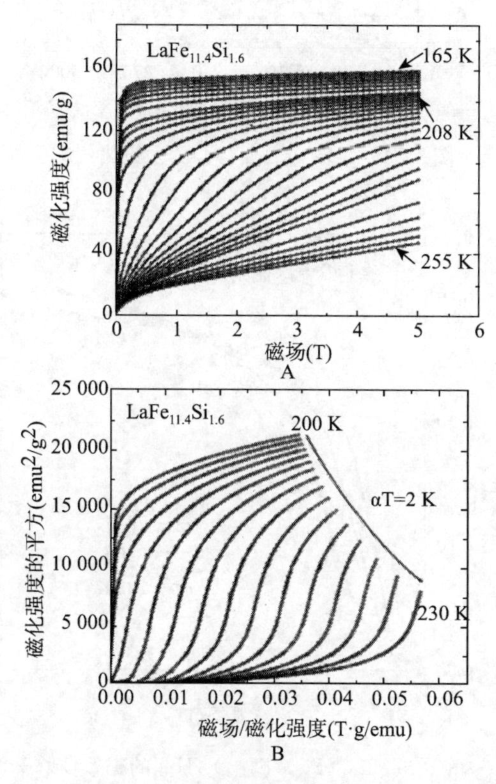

图 1-23 $LaFe_{11.4}Si_{1.6}$ 合金的等温磁化曲线（A）Arrort 曲线（B）

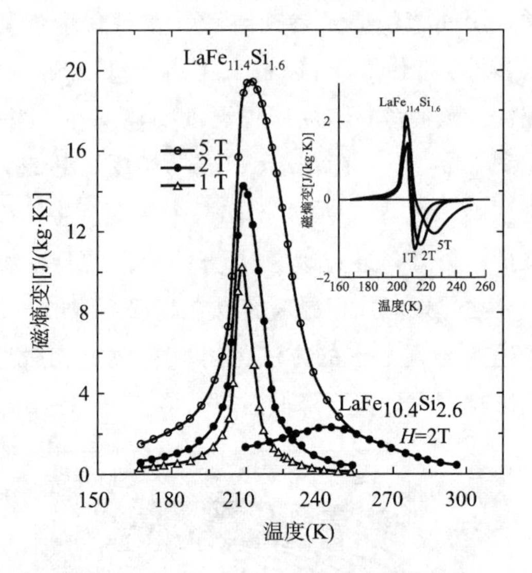

图 1-24　$LaFe_{11.4}Si_{1.6}$ 合金的大磁热效应

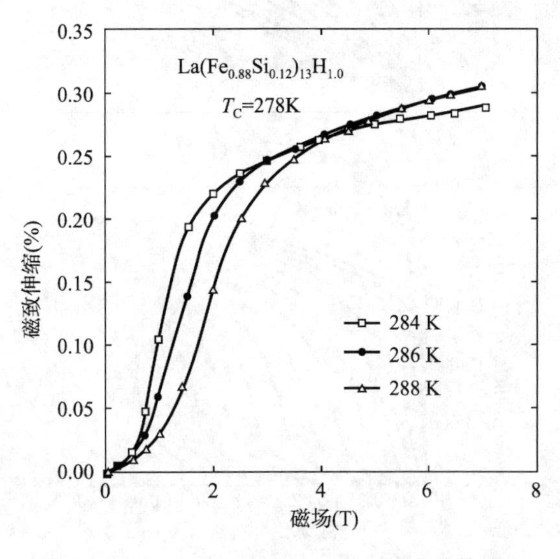

图 1-25　La（$Fe_{0.88}Si_{0.12}$）$_{13}$ $H_{1.0}$ 的磁致伸缩

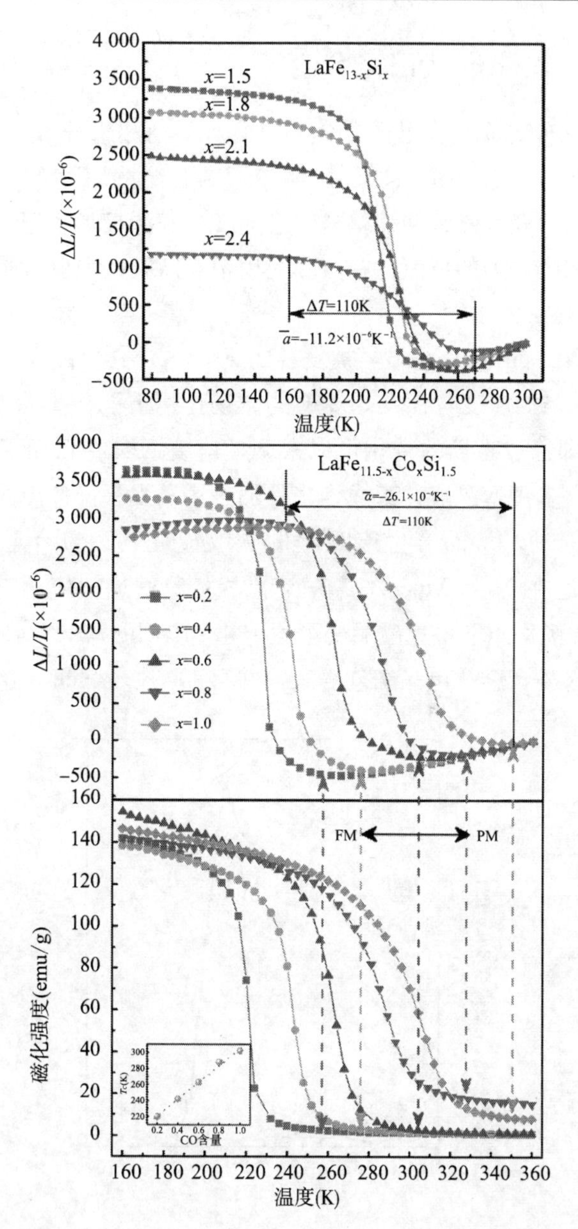

图 1-26　$LaFe_{13-x}Si_x$ 和 $LaFe_{11.5-x}Co_xSi_{1.5}$ 合金的负热膨胀效应

1.3.3 铁磁形状记忆合金

所谓的铁磁形状记忆合金（FMSA），是指既具有热弹性马氏体相变，又具有铁磁性马氏体相变的合金。FSMA 材料同时兼具压电陶瓷和磁致伸缩材料响应速度快和温控形状记忆合金输出应变和应力大的特点，在实际应用中有广阔的前景，是热门的智能材料之一。

Ni-Mn-Ga 合金是最早被发现的 FMSA，其单晶在无磁场时大约有 1%的应变，而在 1.2 T 的磁场作用下能产生约 4%的应变[95]，即通过磁场的变化可以来调控应变。其在低温下的马氏体相是由多种孪晶变体组成，当外加磁场诱发马氏体内的孪晶晶界发生移动，从而产生宏观上的磁致应变。2000 年，胡凤霞等[96]报道在 $Ni_{51.5}Mn_{22.7}Ga_{25.8}$ 合金中发现磁热效应，其在 0～0.9 T 磁场作用下最大磁熵变可达到 4.1 J/(kg・K)（图 1-27）。但制备这类合金的单晶工艺复杂，并且 Ga 比较昂贵，这些极大

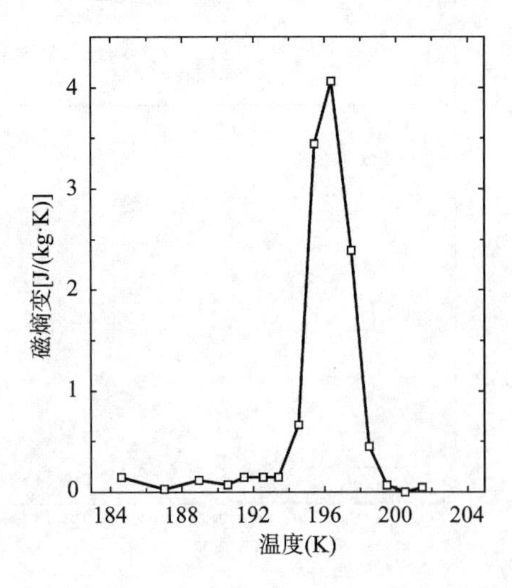

图 1-27　$Ni_{51.5}Mn_{22.7}Ga_{25.8}$ 合金在 0～0.9 T 磁场变化下的等温磁熵变

限制了其实际的应用。后来，人们制备出 Ni-Mn-Ga 合金的多晶样品，但其脆性大的问题目前仍然无法解决。

2004 年，Sutou 报道了一种新型的 FSMA-Heusler 型 Ni-Mn-X（X＝In，Sn，Sb）合金[97]，其高温奥氏体相是 $L2_1$ 结构，低温马氏体相可能是 5M，7M，$L1_0$ 结构。与 Ni-Mn-Ga 不同的是，其在磁场或温度驱动下发生从低温弱磁马氏体到高温铁磁性奥氏体的逆马氏体相变，并且相变过程中伴随着磁化强度、电阻率和晶胞体积的突变，进一步研究表明其具有相当大的磁热效应[98]、磁电阻效应[99]和磁致应变效应[100]，表明这类合金是潜在的多功能材料，值得人们进一步的探索研究。

由于此类合金在磁场的驱动下发生弱磁到铁磁的逆马氏体相变，伴随有巨大的磁滞，所以是一级磁结构相变。另外，研究表明该类合金可以通过调节体系的价电子浓度（c/a）[8,46]来调节相变温度。2006 年，Oikawa[101]等发现 $Ni_{48}Mn_{41}In_{13}$ 在 180 K，0～7 T 磁场变化下发生磁驱逆马氏体相变，产生巨大的磁热效应，其熵变的峰值达到 17.7 J/(kg・K)；南京大学王敦辉教授课题组也是最早研究这一类合金的成员之一。该组韩志达在 $Ni_{50-x}Mn_{39-x}Sn_{11}$ 中，在 0～1 T 的低磁场变化下得到 245 K 的最大 ΔS_M 为 10.1 J/(kg・K)[98]（图 1-28），可与传统的磁制冷工质 Gd 媲美；张成亮[102]通过掺杂 Cr 到 Ni-Mn-Sn 合金中，研究了其对磁热效应和磁电阻效应的影响；轩海成[103]报道了在 Ni-Mn-Al 合金中掺杂 Co 实现了温度和磁场诱导的顺磁马氏体—铁磁奥氏体磁结构相变以及磁电阻效应。除了磁场、温度对马氏体相变有影响外，该课题组马胜灿研究了预应力对 Ni-Mn-Co-Sn 条带的影响，报道了该材料的预马氏体相变[104]。

2009 年，刘剑等[19]报道室温下，在有织构的 $Ni_{45.2}Mn_{36.7}In_{13}Co_{5.1}$ 合金中发现 5 T 磁场诱导的马氏体相变，伴随着巨大的各向异性磁致伸缩效应，其最大值达到 2.5×10^{-3}（图 1-29）。

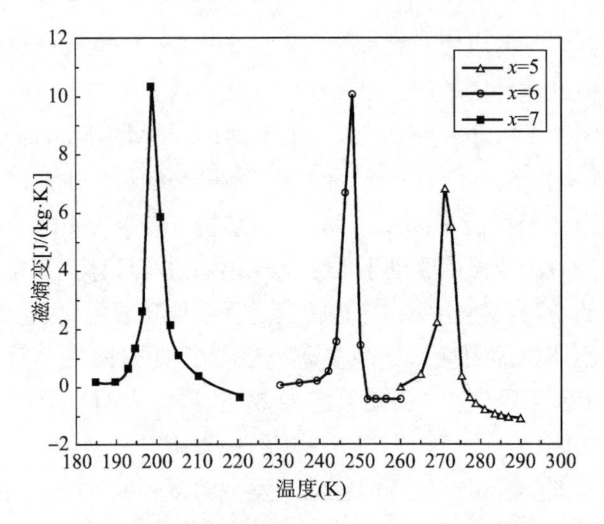

图 1-28 $Ni_{50-x}Mn_{39+x}Sn_{1-x}$（$x$=5，6，7）合金在 1T 磁场下的磁熵变

2010 年，Li 等[20]发现了多晶 $Ni_{45}Co_5Mn_{37}In_{13}$ 的各向同性磁致应变效应，其饱和值达到了 4×10^{-3}。出现这种现象，是由于马氏体相与奥氏体相的晶格常数存在较大的差别，当磁场诱导逆马氏体相变时，导致晶格常数跳跃，在宏观上表现出磁致应变效应。

1.3.4 六角 MM′X 合金

1953 年，Castelliz[105]发现了包含 $3d$ 过渡族元素的六角 Ni_2In 型结构的三元金属间化合物。随着研究的进行，这类材料的队伍还在不断壮大，其被统一称为 MM′X（M=Mn；M′=Ni，Co；X=Si，Ge 等）合金。这类合金的高温奥氏体相是六角 Ni_2In 型结构，低温马氏体相是正交 TiNiSi 型结构。该类合金的一部分体系在降温过程中会发生从高温的六角 Ni_2In 型结构向低温的正交 TiNiSi 型结构转变的马氏体相变[106]，而在一些低温马氏体相中还出现了变磁性相变[107]。

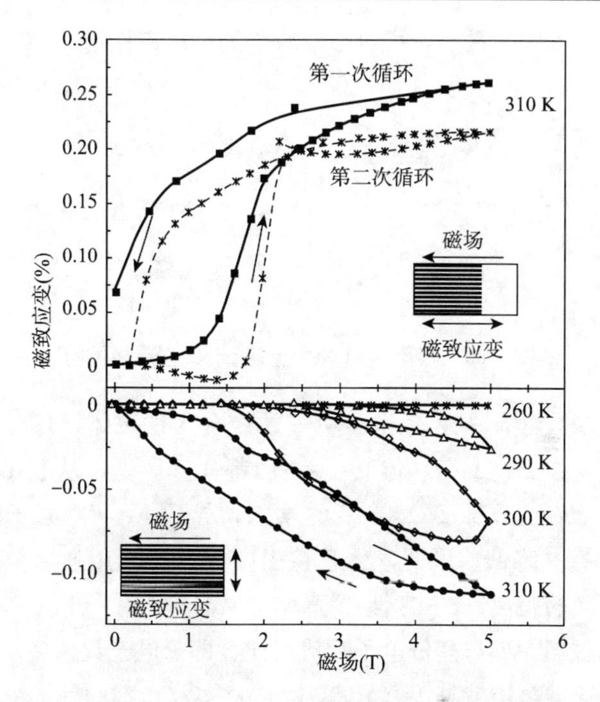

图 1-29　$Ni_{45.2}Mn_{36.7}In_{13.0}Co_{5.1}$各向异性磁致应变效应

之前，人们利用各种方法去表征 MM′X 合金的晶体结构和磁结构，获得了大量的数据。但是，当时人们还没有想到如何利用它的特性去实际应用。近年来，随着 Heusler 型铁磁形状记忆合金的兴起，这类六角合金也作为磁相变材料逐渐引起人们的注意。磁场驱动马氏体相变及磁热效应、磁致伸缩效应等方面的物性研究成为研究的重点。

MM′X 合金中三种原子比例为 1∶1∶1，其占位规则为[43]：M 占据 $2a$ 位（0，0，0）、（0，0，0.5）；M′占据 $2d$ 位（1/3，2/3，3/4）、(2/3，1/3，1/4)；X 占据 $2c$ 位（1/3，2/3，1/4）、(2/3，1/3，3/4)。形成了一种六角层状蜂窝结构（图 1-30）。形成这种占位规则的原因是，$2d$ 位的 M′原子和 $2c$ 位的 X 原子

之间的原子间距最小，可以形成较强的共价键作用[108,109]。

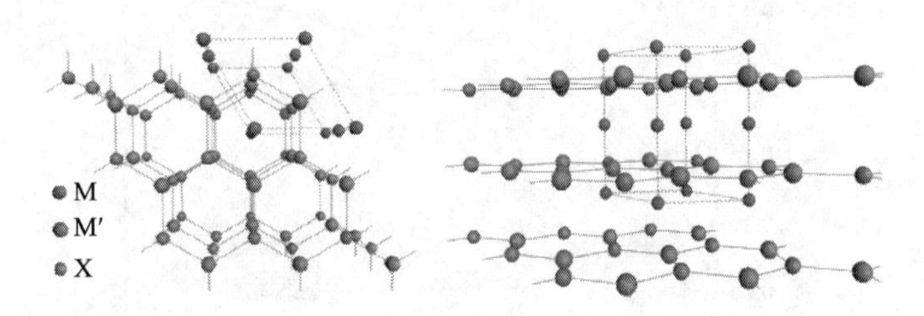

图 1-30 六角 MM′X 合金的 Ni_2In 型晶格结构

大多数含有磁性元素的 MM′X 合金为铁磁体，只有少数是顺磁体（如 FeNiGe），但其 T_C一般都比室温低。从表 1-1 可以看到，随着主族原子 X 半径的增加，导致 M、M′原子间距增大，T_C逐渐降低。说明，体系铁磁交换相互作用强烈依赖磁性原子之间的距离。$3d$ 磁性原子 M（Mn）和 M′（Fe、Co、Ni）的局域磁矩大小与其价电子数成反比，即价电子数越多，其在合金中的局域磁矩就越小（$\mu_{Ni}<\mu_{Co}<\mu_{Fe}<\mu_{Mn}$）。此外，由于 M′、X 原子之间有较强的共价键作用，导致 M′原子磁矩进一步减小。而 M 原子本身局域磁矩较大，并且较难受到共价键作用，因此是 MM′X 合金磁矩的主要承载者[109,110]。

表 1-1 部分 MM′X 合金的物性参数

合金	T_t（K）	T_C^A（K）	M^A（μB）	T_C^M/T_N^M（K）	M^M（μB）
MnCoSi*	1 165		2.6	410（AFM）	2.6（Mn） 0.9（Co）
MnCoGe*	420	260	2.7	355	3.86
MnCoSn	—	145	2.1	—	—
MnNiSi*	1 210			615	2.4（Mn）
MnNiGe*	483	205		356（AFM）	2.75（Mn）

（续）

合金	T_t（K）	T_C^A（K）	M^A（μB）	T_C^M/T_N^M（K）	M^M（μB）
MnFiGe	—	220	2.0	—	—
FeCoGe	—	370	2.2	—	—
FeNiGe	—	PM		—	—

注 T_t：马氏体相变温度；T_C^A：六角母相居里温度；M^A：六角母相的饱和分子磁矩；T_C^M/T_N^M：马氏体相居里或奈尔温度；M^M：马氏体相的饱和分子磁矩；* 表示该体系具有马氏体相变。

在 MM′X 合金体系中，有部分体系在降温过程中会发生从六角 Ni_2In 型奥氏体转变为正交 TiNiSi 型马氏体的马氏体相变。虽然马氏体的晶体结构是从奥氏体的晶格切变型畸变而来的，各原子均占据 $4c$ 位[107]，分别是（x，1/4，z）、（$-x$，3/4，$-z$）、（$1/2-x$，3/4，$1/2+z$）以及（$1/2+x$，1/4，$1/2-z$），但是还保持与奥氏体相同的相对原子占位，并且 M′-X 间仍然是共价键作用[111,112]。在 TiNiSi 相中，因此，合金的磁矩还是主要来自 M 原子。由于马氏体相的原子磁矩比奥氏体大，导致马氏体磁有序温度高于奥氏体[113]，这与 Heusler 型 Ni-Mn 基铁磁形状记忆合金正好相反。马氏体相的磁结构丰富多样，如线性铁磁性的 MnCoGe[43] 和 MnNiSi[114]，复杂的螺旋反铁磁性的 MnNiGe[107]、MnCoSi[115,116]。在这种螺旋反铁磁结构中，铁磁和反铁磁相互交换作用相互依存，相互竞争[112]。同时这两种耦合对磁性原子间距很敏感。意味着引入微小的外界能量就可打破平衡引起变磁性相变的发生。因此，可以通过施加磁场、掺杂或缺分等手段去调节磁相变。比如，MnCoSi 在非常低的磁场下就可发生的变磁性转变[116]。而 MnNiGe 需要发生变磁性转变的临界场比较高，达到 10 T 左右[116]。

对于 MM′X 材料来说，其马氏体相变大都发生在高温顺磁区（$T_t>T_C$），所以马氏体相和奥氏体相的磁化强度差距不大，磁场难以驱动相变，也就是说，结构相变和磁相变无法耦合成磁结构相变。为了实现磁结构相变，需要采取一些方法调节其相变温度至磁有序温区，形成显著的磁化强度差异（ΔM），以利于磁场驱动相变。人们对这一课题研究很久，获得了一些方法：①调节体系中原子比例。在 MnCoGe 体系中，马胜灿[10]通过改变 MnCoGe 体系中的 Mn 与 Co 的原子比例实现了磁结构相变。②过渡族元素或主族元素替代。比如在 MnCoGe 中，马胜灿利用 V 替代 Mn[117]（图 1-32），Trung 等[118]用 Cr 替代 Mn 成功把相变温度降了下来。在 MnNiGe 中，Bażeła 等[119]用 Si 替代 Ge，Samanta 等[120]用 Al 替代 Ge，也降低了体系的相变温度。③过渡族元素缺分。2004 年，Koyama 等[9]在 MnCoGe 中采用 Co 缺分的方法明显降低了相变温度。④施加静压力。Anzai 在 MnNiGe[109]，Niziol 在 MnCoGe 中[121]分别实现了磁场驱动马氏体相变。⑤引入间隙原子。Trung 等[122]利用主族元素 B 加入 MnCoGe 中，明显降低了其相变温度（图 1-31）。

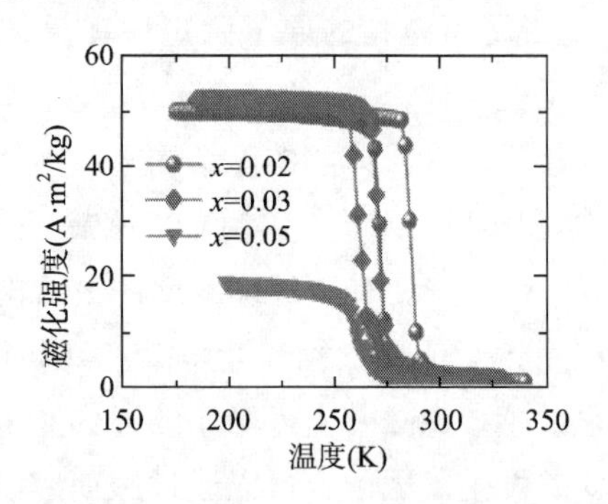

图 1-31　MnCoGeB$_x$ 的热磁曲线

这类材料的马氏体相变有一个与众不同的特点：相变伴随巨大的负热膨胀效应，导致合金碎裂。这是由于两相的晶格差距很大，导致相变发生时晶格急剧膨胀，再者晶格刚性大，所以引起碎裂。说明这类材料是潜在的巨磁致应变材料。

1.4　本书主要内容

本书所研究的 MnCoGe 合金、MnCoSi 合金以及 FeRh 合金薄膜都是典型的磁相变材料，在相变点附近表现出丰富的物理效应，但也存在着一些不足，阻碍了其实际应用。通过调控的手段改进和优化其性能，使其成为磁性功能材料。具体内容如下：

（1）MnCoGe 作为六角 MnM′X（M′＝Co，Ni；X＝Si，Ge）合金体系的一员，其在 420 K 左右发生从 Ni_2In 型奥氏体到 TiNiSi 型马氏体的结构相变，其奥氏体居里温度和马氏体居里温度分别是 275 K 和 355 K。由于相变温度在两相的居里温度之外，所以 ΔM 很小，磁场很难驱动相变。另外，MnCoGe 发生马氏体相变时，伴随巨大的负热膨胀效应，暗示着它也是一个潜在的磁致应变材料。但是由于相变过程伴随巨大的负膨胀，导致原子之间的共价键断裂，材料碎裂。笔者希望获得 MnCoGe 的磁致应变效应。首先，通过引入 Mn 缺分，将马氏体相变温度成功地调到两相居里温度之间，产生大 ΔM，磁场可以驱动相变。然后，利用环氧树脂粘接合金粉末，并放在磁场下凝固，获得有取向的复合材料，并成功测出线性磁致伸缩值。

（2）MnCoSi 同样是 MnM′X 合金家族的一员，但是其马氏体相变温度高达 1 190 K，在室温附近只是单一的 TiNiSi 型马氏体。通过电弧炉熔炉后的样品，在自然冷却过程中，会发生从高温 Ni_2In 型奥氏体相到低温 TiNiSi 型马氏体相的结构相变，由于马氏体相变过程非常剧烈，巨大的内应力导致样品表面出现裂纹。其在室温附近存在一个三相点温度，在三相点以上是散铁磁—铁磁的二级相变，三相点以下是反铁磁—散铁磁的一级相变。在磁场诱导下，发生上述相变，伴随着较大的体磁致伸缩效应。但由于是无取向多晶样品，所以其在室温时磁致伸缩值很小。而且，临界场也比较大。笔者利用强磁场凝固获得了有织构的 MnCoSi 基合金，通过掺杂或缺分的方法成功将该类合金的三相点调到室温以下，临界场也大幅降低，获得了室温下低场可完全恢复的大的各向异性磁致伸缩效应，有望取代某些巨磁致伸缩材料。

（3）正分的 FeRh 合金在室温以上（350 K 左右），磁场诱导发生反铁磁相到铁磁相的一级变磁性相变，伴随着巨大的磁热效应，是潜在的磁制冷材料。但由于一级相变的原因，其相变温区很有限，又不在室温附近，影响了它的应用。除了温度、磁场这些相变驱动力之外，应力也可以驱动这个相变。本书利用磁控溅射得到 $FeRh_{0.96}Pd_{0.04}$/PMN-PT 异质结构，通过向 PMN-PT（铌镁酸铅-钛酸铅）施加电压，在磁场、应力共同作用下，实现了电场调控磁相变合金薄膜的磁热效应，扩宽了包括室温在内的制冷温区，并且观察到了大的磁电耦合效应。

参考文献

[1] 冯端．金属物理学（第二卷 相变）[M]. 北京：科学出版社，1998.

[2] 徐祖耀．相变物理 [M]. 北京：科学出版社，1999.

[3] 徐洲，赵连城．金属固态相变原理 [M]. 北京：科学出版社，2004.

[4] Krenke T，Duman E，Acet M，et al. Inverse magnetocaloric effect in ferromagnetic Ni-Mn-Sn alloys [J]. Nature Materials，2005，4：450-454.

[5] Khan M，Ali N，Stadler S. Inverse magnetocaloric effect in ferromagnetic $Ni_{50}Mn_{37+x}Sb_{13-x}$ Heusler alloys [J]. Journal of Applied Physics，2007，101 (5)：053919.

[6] Liu J，Gottschall T，Skokov K P，et al. Giant magnetocaloric effect driven by structural transitions [J]. Nature Materials，2012，11：620-626.

[7] Aksoy S，Krenke T，Acet M，et al. Tailoring magnetic and magnetocaloric properties of martensitic transitions in ferromagnetic Heusler alloys [J]. Applied Physics Letters 2007，91 (24)：241916.

[8] Acet M，Manosa L，Planes A. Magnetic-field-induced effects in martensitic Heusler-based magnetic shape memory alloys [M]//Handbook of magnetic materials，vol 19. Amsterdam：Elsevier Science B V，2011：231-289.

[9] Koyama K，Sakai M，Kanomata T，et al. Field-induced martensitic transformation in new ferromagnetic shape memory compound $Mn_{1.07}Co_{0.92}Ge$ [J]. Japanese Journal of Applied Physics，2004，43 (12)：8036-8039.

[10] Ma S C，Wang D H，Xuan H C，et al. Effects of the Mn/Co ratio on the magnetic transition and magnetocaloric properties of $Mn_{1+x}Co_{1-x}Ge$ alloys [J]. Chinese Physics B，2011，20 (8)：087502.

[11] Liu E K，Wang W H，Feng L，et al. Stable magnetostructural coupling with tunable magnetoresponsive effects in hexagonal ferromagnets [J]. Nature Communications，2012，3：873.

[12] Liu E K，Zhu W，Feng L，et al. Vacancy-tuned paramagnetic/ferromagnetic martensitic transformation in Mn-poor $Mn_{1-x}CoGe$ alloys [J]. Europhys Letters，2010，91：17003.

[13] Samanta T，Dubenko I，Quetz A，et al. Giant magnetocaloric effects near room temperature in $Mn_{1-x}Cu_xCoGe$ [J]. Applied Physics Letters，2012，101 (24)：242405.

[14] Laudau L D，Lifshitz E M. Electrodynamics of continuous media (addision—wesley：translation of a russian edition of 1958) [M]. 1960.

[15] Mitchell E N，Haukaas H B，Bale H B，et al. Compositional and thickness dependence of the ferromagnetic anisotropy in resistance of iron-nickel films [J]. Journal of Applied Physics，1964，35：2604-2608.

[16] Baibich M N，Broto J M，Fert A，et al. Giant magnetoresistance of (001) Fe/ (001) Cr magnetic snperlattices [J]. Physics Review Letters，1988，61 (21)：2472-2475.

[17] Parkin S S P，More N，Roche K P. Oscillations in exchange coupling and magnetoresistance in metallic superlattice structures：Co/Ru，Co/Cr，and Fe/Cr [J]. Physics Review Letters，1990，64 (19)：

2304-2307.

[18] Parkin S S P, Bhadra R, Roche K P. Oscillatory magnetic exchange coupling through thin copper layers [J]. Physics Review Letters, 1991, 66 (16): 2152-2155.

[19] Liu J, Aksoy S, Scheerbaum N, et al. Large magnetostrain in polycrystalline Ni-Mn-In-Co [J]. Applied Physics Letters, 2009, 95 (23): 232515.

[20] Li Z, Jing C, Zhang H L, et al. A large and reproducible metamagnetic shape memory effect in polycrystalline $Ni_{45}Co_5Mn_{37}In_{13}$ Heusler alloy [J]. Journal of Applied Physics, 2010, 108 (11): 113908.

[21] Fujieda S, Fujita A, Fukamichi K, et al. Giant isotropic magnetostriction of itinerant-electron metamagnetic La $(Fe_{0.88}Si_{0.12})_{13}H_y$ compounds [J]. Applied Physics Letters, 2001, 79 (5): 653.

[22] Chmielus M, Zhang X X, Witherspoon C, et al. Giant magnetic-field-induced strains in polycrystalline Ni-Mn-Ga foams [J]. Nature Materials, 2009, 8: 863-866.

[23] Boonyongmaneerat Y, Chmielus M, Dunand D C, et al. Increasing magnetoplasticity in polycrystalline Ni-Mn-Ga by reducing internal constraints through porosity [J]. Physics Review Letters, 2007, 99 (24): 247201.

[24] Morellon L, Algarabel P A, Ibarra M R, et al. Magnetic-field-induced structural phase transition in $Gd_5Si_{1.8}Ge_{2.2}$ [J]. Physics Review B, 1998, 58 (22): R14721-R14724.

[25] Zhang C L, Zheng Y X, Xuan H C, et al. Large and highly reversible magnetic field-induced strains in textured $Co_{1-x}Ni_xMnSi$ alloys at room temperature [J]. Journal of Physics D: Applied Physics, 2011, 44: 135003.

[26] Gschneidner Jr K A, Pecharsky V K. Magnetocaloric materials [J]. Annual Review of Materials Science, 2000, 30: 387-429.

[27] Tishin A M. Magnetocaloric effect in the vicinity of phase transitions [M]//Handbook of magnetic materials: vol 12. Amsterdam: Elsevier Science B V, 1999: 395-524

[28] Brück E. Magnetocaloric refrigeration at ambient temperature [M]// Handbook of magnetic materials: vol 17. Amsterdam: Elsevier Science B V, 2008: 235-291.

[29] Yu B F, Gao Q, Zhang B, et al. Review on research of room temperature magnetic refrigeration [J]. International Journal of Refrigeration, 2003, 26: 622-636.

[30] Gschneidner Jr K A, Pecharsky V K. Thirty years of near room temperature magnetic cooling: where we are today and future prospects [J]. International Journal of Refrigeration, 2008, 31: 945-961.

[31] Nielsen K K, Tusek J, Engelbrecht K, et al. Review on numerical modeling of active magnetic regenerators for room temperature applications [J]. International Journal of Refrigeration. 2011, 34 (3): 603-616.

[32] Franco V, Blazquez J S, Ingale B, et al. The magnetocaloric effect and magnetic refrigeration near room temperature: materials and models [J]. Annual Review of Materials Science, 2012, 42: 305-342.

[33] Gschneidner Jr K A, Pecharsky V K, Tsokol A O. Recent developments in magnetocaloric materials [J]. Reports on progress in physics, 2005, 68: 1479-1539.

[34] Brück E. Developments in magnetocaloric refrigeration [J]. Journal of Physics D: Applied Physics, 2005, 38 (5): R381-R391.

[35] Phan M, Yu S. Review of the magnetocaloric effect in manganite materials [J]. Journal of Magnetism and Magnetic Materials, 2007, 308: 325-340.

[36] Moya X, Kar-Narayan S, Mathur N D. Caloric materials near ferroic phase transitions [J]. Nature Materials, 2014, 12: 439-450.

[37] Dankov S Yu, Tishin A M, Pecharsky V K, et al. Magnetic phase transitions and the magnetothermal properties of gadolinium [J]. Physics Review B, 1998, 57: 3478-3490.

[38] Foldeaki M, Schnelle W, Gmelin E, et al, Comparison of magnetocaloric properties from magnetic and thermal Measurements [J]. Journal of Applied Physics, 1997, 82 (1): 309-316.

［39］ Pecharsky V K，Gschneidner Jr K A. Magnetocaloric effect and magnetic refrigeration [J]. Journal of Magnetism and Magnetic Materials，1999，200：44-56.

［40］ Manekar M，Roy S B. Reproducible room temperature giant magnetocaloric effect in Fe-Rh [J]. Journal of Physics D：Applied Physics，2008，41：192004.

［41］ Brown G V. Magnetic heat pumping near room temperature [J]. Journal of Applied Physics，1976，47 (8)：3673-3680.

［42］ Pecharsky V K，Gschneidner Jr K A. Giant magnetocaloric effect in $Gd_5(Si_2Ge_2)$ [J]. Physics Review Letters，1997，78 (23)：4494-4497.

［43］ 刘恩克．Ni_2In 型六角 Mn（Co，Ni）Ge 体系磁性马氏体相变研究 [D]. 北京：中国科学院，2012.

［44］ 张成亮．锰基合金中的磁性相变及其相关物理性质 [D]. 南京：南京大学，2010.

［45］ 马胜灿．合金磁相变的调控及其磁热性质 [D]. 南京：南京大学，2011.

［46］ Planes A，Manosa L，Acet M. Magnetocaloric effect and its relation to shape-memory properties in ferromagnetic Heusler alloys [J]. Journal of Physics：Condensed Matter，2009，21：233201 (2009) .

［47］ Amaral J S，Amaral V S. The effect of magnetic irreversibility on estimating the magnetocaloric effect from magnetization measurements [J]. Applied Physics Letters，2009，94 (4)：042506.

［48］ Zou J D，Shen B G，Gao B，et al. The magnetocaloric effect of $LaFe_{11.6}Si_{1.4}$，$La_{0.8}Nd_{0.2}Fe_{11.5}Si_{1.5}$，and $Ni_{43}Mn_{46}Sn_{11}$ compounds in the vicinity of the first-order phase transition [J]. Advanced Materials，2009，21：693-696.

［49］ Liu G J，Sun J R，Shen J，et al. Determination of the entropy changes in the compounds with a first-order magnetic transition [J]. Applied Physics Letters，2007，90 (3)：032507.

［50］ Oliveira de N A，Ranke von P J. Magnetocaloric effect around a magnetic phase transition [J]. Physics Review B，2008，77 (21)：214439.

[51] Lee E W. Magnetostriction and magnetomechanical effects [J]. Reports on Progress in Physics, 1955, 18: 184-229.

[52] Karaman I, Basaran B, Karaca H E, et al. Energy harvesting using martensite variant reorientation mechanism in a NiMnGa magnetic shape memory alloy [J]. Applied Physics Letters, 2007, 90 (17): 172505.

[53] Legvold S, Alstad J, Rhyne J. Giant magnetostriction in DYSPROSIUM dysprosium and holmium single crystals [J]. Physics Review Letters, 1963, 10 (12): 509-511.

[54] Clark A E, De Savage B F, Bozorth R. Anomalous thermal exyansion and magnetostriction of single-crystal dysprosium [J]. Physics Review, 1965, 138 (1A): A216-A224.

[55] Clark A E, Belson H, Tamagawa N. Huge magnetocrystalline anisotropy in cubic rare earth-Fe_2 compound [J]. Physics Letters, 1972, 42A (2): 160-162.

[56] Clark A E. Magnetic and magnetoelastic properties of highly magnetostrictive rare earth-iron laves phase compounds [J]. AIP Conf Proc, 1974, 18: 1015-1029.

[57] Soderberg O, Sozinov A, Ge Y, et al. Giant magnetostrictive materials [M]//Handbook of magnetic materials: vol 16. Amsterdam: Elsevier Science B V, 2006: 1-40.

[58] Jiang L P, Yang J D, Hao H B, et al. Giant enhancement in the magnetostrictive effect of FeGa alloys doped with low levels of terbium [J]. Applied Physics Letters, 2013, 102 (22): 222409.

[59] Wu W, Liu J, Jiang C, et al. Giant magnetostriction in Tb-doped $Fe_{83}Ga_{17}$ melt-spun ribbons [J]. Applied Physics Letters, 2013, 103 (26): 262403.

[60] Yoo J H, Restorff J B, Wun-Fogle M, et al. The effect of magnetic field annealing on single crystal iron gallium alloy [J]. Journal of Applied Physics, 2008, 103 (7): 07B325.

[61] 王博文. 超磁致伸缩材料制备与器件设计 [M]. 北京: 冶金工业出

版社，2003.

[62] 王永．镨基巨磁致伸缩材料低温性能研究［D］．南京：南京大学，2012.

[63] Yang S，Ren X B. Noncubic crystallographic symmetry of a cubic ferromagnet：simultaneous structural change at the ferromagnetic transition [J]. Physics Review B，2008，77（1）：014407.

[64] Gong Y Y，Wang D H，Cao Q Q，et al. Textured，dense and giant magnetostrictive alloy from fissile polycrystal [J]. Acta Materialia，2015，98：113-118.

[65] Zhang C L，Zheng Y X，Xuan H C，et al. Large and highly reversible magnetic field-induced strains in textured $Co_{1-x}Ni_xMnSi$ alloys at room temperature [J]. Journal of Physics：Condensed Matter，2011，44（5）：135003.

[66] Gong Y Y，Zhang L，Cao Q Q，et al. Large reversible magnetostrictive effect in the $Gd_{1-x}Sm_xMn_2Ge_2$（x= 0.37，0.34）alloys at room temperature [J]. Journal of Alloys and Compounds，2015，628：146-150.

[67] Boonyongmaneerat Y，Chmielus M，Dunand D C，et al. Increasing magnetoplasticity in polycrystalline Ni-Mn-Ga by reducing internal constraints through porosity [J]. Physics Review Letters，2007，99（24）：247201.

[68] Chmielus M，Zhang X X，Witherspoon C，et al. Giant magnetic-field-induced strains in polycrystalline Ni-Mn-Ga foam [J]. Nature Materials，2009，8：863-866.

[69] Zhao X，Wu G，Wang J，et al. Stress dependence of magnetostrictions and strains in <111>-oriented single crystals of Terfenol-D [J]. Journal of Applied Physics，1996，79（8）：6225-6227.

[70] Sozinov A，Likhachev A A，Lanska N，et al. Giant magnetic-fifield-induced strain in NiMnGa seven-layered martensitic phase [J]. Applied Physics Letters，2002，80（10）：1746-1748.

[71] Kainuma R，Imano Y，Ito W，et al. Magnetic-field-induced shape recovery by reverse phase transformation [J]. Nature，2006，439：

957-960.

[72] Krenke T, Duman E, Acet M, et al. Magnetic superelasticity and inverse magnetocaloric effect in Ni-Mn-In [J]. Physics Review B, 2007, 75 (10): 104414.

[73] Dubenko I, Pathak A K, Stadler S, et al. Giant hall effect in Ni-Mn-In Heusler alloys [J]. Physics Review B, 2009, 80 (9): 092408.

[74] Ma L, Wang W H, Lu J B, et al. Coexistence of reentrant-spin-glass and ferromagnetic martensitic phases in the $Mn_2Ni_{1.6}Sn_{0.4}$ Heusler alloy [J]. Applied Physics Letters, 2011, 99 (18): 182507.

[75] Pecharsky V K, Gschneidner Jr K A. Tunable magnetic regenerator alloys with a giant magnetocaloric effect for magnetic refrigeration from 20 to 290 K [J]. Applied Physics Letters, 1997, 70 (24): 3299-3301.

[76] Pecharsky V K, Gschneidner Jr K A. Effect of alloying on the giant magnetocaloric effect of $Gd_5(Si_2Ge_2)$ [J]. Journal of Magnetism and Magnetic Materials, 1997, 167: L179-L184.

[77] Morellon L, Stankiewicz J, Garcia-Landa B, et al. Giant magnetoresistance near the magnetostructural transition in $Gd_5(Si_{1.8}Ge_{2.2})$ [J]. Applied Physics Letters, 1998, 73 (23): 3462-3464.

[78] Morellon L, Blasco J, Algarabel P A, et al. Nature of the first-order antiferromagnetic-ferromagnetic transition in the Ge-rich magnetocaloric compounds $Gd_5(Si_xGe_{1-x})_4$ [J]. Physics Review B, 2000, 62 (2): 1022-1026.

[79] Levin E M, Pecharsky V K, Gschneidner Jr K A. Magnetic-field and temperature dependencies of the electrical resistance near the magnetic and crystallographic first-order phase transition of $Gd_5(Si_2Ge_2)$ [J]. Physics Review B, 1999, 60 (11): 7993-7997.

[80] Gschneidner Jr K A, Pecharsky V K, Brück E, et al. Comment on "Direct Measurement of the 'Giant' Adiabatic Temperature Change in $Gd_5Si_2Ge_2$" [J]. Physics Review Letters, 2000, 85 (19): 4190.

[81] Pecharsky V K, Gschneidner Jr K A. Phase relationships and crystal-

lography in the pseudobmary system Gd_5Si_4-Gd_5Ge_4 [J]. Journal of Alloys and Compounds，1997，260：98-106.

[82] Choe W，Pecharsky V K，Pecharsky A O，et al. Making and breaking covalent bonds across the magnetic transition in the giant magnetocaloric material $Gd_5Si_2Ge_2$ [J]. Physics Review Letters，2000，84 (20)：4617-4620.

[83] 胡凤霞．铁基 $La(Fe, M)_{13}$化合物和 Ni-Mn-Ga 合金的磁性和磁熵变[D]. 北京：中国科学院，2002.

[84] Fujita A，Akamatsu Y，Fukamichi K. Itinerant electron metamagnetic transition in $La(Fe_xSi_{1-x})_{13}$ intermetallic compounds [J]. Journal of Applied Physics，1999，85 (8)：4756-4758.

[85] Fujita A，Fujieda S，Fukamichi K，et al. Itinerant-electron metamagnetic transition and large magnetovolume effects in $La(Fe_xSi_{1-x})_{13}$ compounds [J]. Physics Review B，2001，65 (1)：014410.

[86] Fujita A，Fukamichi K，Yamada M，et al，Influence of pressure on itinerant electron metamagnetic transition in $La(Fe_xSi_{1-x})_{13}$ compounds [J]. Journal of Applied Physics，2003，93 (10)：7263-7265.

[87] Fujita A，Fukamichi K，Wang J T，et al. Large magnetovolume effects and band structure of itinerant-electron metamagnetic $La(Fe_xSi_{1-x})_{13}$ compounds [J]. Physics Review B，2003，68 (10)：104431.

[88] Fujieda S，Fujita A，Fukamichi K，et al. Giant isotropic magnetostriction of itinerant-electron metamagnetic $La(Fe_{0.88}Si_{0.12})_{13}H_y$ compounds [J]. Applied Physics Letters，2001，79 (5)：653-655.

[89] Hu F X，Shen B G，Sun J R，et al. Influence of negative lattice expansion and metamagnetic transition on magnetic entropy change in the compound $LaFe_{11.4}Si_{1.6}$ [J]. Applied Physics Letters，2001，78 (23)：3675-3677.

[90] Huang R J，Liu Y Y，Fan W，et al. Giant negative thermal expansion in $NaZn_{13}$-type $La(Fe, Si, Co)_{13}$ compounds [J]. Journal of American Chemical Society，2013，135：11469-11472.

[91] Hu F X，Shen B G，Sun J R，et al. Very large magnetic entropy

change near room temperature in $LaFe_{11.2}Co_{0.7}Si_{1.1}$ [J]. Applied Physics Letters, 2002, 80 (5): 826-828.

[92] Fujita A, Fujieda S, Hasegawa Y, et al. Itinerant-electron metamagnetic transition and large magnetocaloric effects in $La(Fe_xSi_{1-x})_{13}$ compounds and their hydrides [J]. Physics Review B, 2003, 67 (10): 104416.

[93] Cheng Z H, Wang F, Shen B G, et al. Magnetism and magnetic entropy change of $LaFe_{11.6}Si_{1.4}C_x$ (x=0-0.6) interstitial compounds [J]. Journal of Applied Physics, 2003, 93 (2): 1323-1325.

[94] Chen Y F, Wang F, Shen B G, et al. Effects of carbon on magnetic properties and magnetic entropy change of the $LaFe_{11.5}Si_{1.5}$ compound [J]. Journal of Applied Physics, 2003, 93 (10): 6981-6983.

[95] Wang W H, Wu G H, Chen J L, et al. Stress-free two-way thermoelastic shape memory and fifield-enhanced strain in $Ni_{52}Mn_{24}Ga_{24}$ single crystals [J]. Applied Physics Letters, 2000, 77 (20): 3245-3247.

[96] Hu F X, Shen B G, Sun J R. Magnetic entropy change in $Ni_{51.5}Mn_{22.7}Ga_{25.8}$ alloy [J]. Applied Physics Letters, 2000, 76 (23): 3460-3462.

[97] Sutou Y, Imano Y, Koeda N, et al. Magnetic and martensitic transformations of NiMnX (X=In, Sn, Sb) ferromagnetic shape memory alloys [J]. Applied Physics Letters, 2004, 85 (19): 4358-4360.

[98] Han Z D, Wang D H, Zhang C L, et al. Low-field inverse magnetocaloric effect in $Ni_{50-x}Mn_{39+x}Sn_{11}$ Heusler alloys [J]. Applied Physics Letters, 2007, 90 (4): 042507.

[99] Yu S Y, Ma L, Liu G D, et al. Magnetic fifield-induced martensitic transformation and large magnetoresistance in NiCoMnSb alloys [J]. Applied Physics Letters, 2007, 90 (24): 242501.

[100] Kainuma R, Imano Y, Ito W, et al. Metamagnetic shape memory effect in a Heusler-type $Ni_{43}Co_7Mn_{39}Sn_{11}$ polycrystalline alloy [J]. Applied Physics Letters, 2006, 88 (19): 192513.

[101] Oikawa K, Ito W, Imano Y, et al. Effect of magnetic field on martensitic transition of $Ni_{46}Mn_{41}In_{13}$ Heusler alloy [J]. Applied Physics

Letters, 2006, 88 (12): 122507.

[102] Zhang C L, Zou W Q, Xuan H C, et al. Giant low-field magnetic entropy changes in $Ni_{45}Mn_{44-x}Cr_xSn_{11}$ ferromagnetic shape memory alloys [J]. Journal of Physics D (Applied Physics), 2007, 40: 7287-7290.

[103] Xuan H C, Shen L J, Tang T, et al. Magnetic-field-induced reverse martensitic transformation and large magnetoresistance in $Ni_{50-x}Co_x Mn_{32}Al_{18}$ Heusler alloys [J]. Applied Physics Letters, 2012, 100 (17): 172410.

[104] Ma S C, Cao Q Q, Xuan H C, et al. Magnetic and magnetocaloric properties in melt-spun and annealed $Ni_{42.7}Mn_{40.8}Co_{5.2}Sn_{11.3}$ ribbons [J]. Journal of Alloys and Compounds, 2011, 509: 1111-1114.

[105] Castelliz L. Kristallstruktur von Mn_5Ge_3 und einiger ternärer Phasen mit zwei Übergangselementen [J]. Mh. Chemistry, 1953, 84: 765-776.

[106] Johnson V. Diffusionless orthorhombic to hexagonal transitions in ternary silicides and germanides [J]. Inorganic Chemistry, 1975, 14 (5): 1117-1120.

[107] Bażeła W, Szytula A, Todorović J, et al. Crystal and magnetic structure of NiMnGe [J]. Physics Status Solidi A, 1976, 38: 721-729.

[108] Austin A E, Adelson E. X-ray spectroscopic studys of bonding in transition metal germanides [J]. Journal of Solid State Chemistry, 1970, 1: 229-236.

[109] Anzai S. Coupled nature of magnetic and structural transition in MnNiGe under pressure [J]. Phys Rev B, 1978, 18 (5): 2173-2178.

[110] Kaprzyk S, Niziol S. The electronic struchyre of CoMnGe with the hexagonal and orthorhombic crystal structure [J]. Journal of Magnetism and Magnetic Materials, 1990, 87: 267-275.

[111] Niziol S, Bombik A, Bażeła W, et al. The electronic struchyre of CoMnGe with the hexagonal and orthorhombic crystal structure [J]. Journal of Magnetism and Magnetic Materials, 1982, 27: 281-292.

[112] Eriksson T, Bergqvist L, Burkert T, et al. Cycloidal magnetic order in the compound IrMnSi [J]. Physics Review B, 2005, 71 (17) : 174420.

[113] Fjellvåg H, Andresen A F. On the crystal structure and magnetic properties of MnNiGe [J]. Journal of Magnetism and Magnetic Materials, 1985, 50: 291-297.

[114] Johnson V, Frederick C G. Magnetic and crystallographic properties of ternary manganese silicides with ordered Co_2P structure [J]. Physica Status Solidi A, 1973, 20: 331-335.

[115] Niziol S, Binczycka H, Szytuła A, et al. Structure magnhtique des MnCoSi [J]. Physica Status Solidi A, 1978, 45: 591-597.

[116] Szytuła A, Tomkowicz Z, Bażeła W, et al. Magnetic structure of NiMnGe [J]. Physica B & C, 1977, 86-88: 393.

[117] Ma S C, Zheng Y X, Xuan H C, et al. Large roomtemperature magnetocaloric effect with negligible magnetic hysteresis losses in $Mn_{1-x}V_xCoGe$ alloys [J]. Journal of Magnetism and Magnetic Materials, 2012, 324: 135-139.

[118] Trung N T, Biharie V, Zhang L, et al. From single-to double-first-order magnetic phase transition in magnetocaloric $Mn_{1-x}Cr_xCoGe$ compounds [J]. Applied Physics Letters, 2010, 96 (16): 162507.

[119] Bażeła W, Szytuła A, Todorović J et al. Crystal and magnetic structure of the $NiMnGe_{1-n}Si_n$ system [J]. Physica Status Solidi A, 1981, 64: 367-378.

[120] Samanta T, Dubenko I, Quetz A, et al. Magnetostructural phase transitions and magnetocaloric effects in $MnNiGe_{1-x}Al_x$ [J]. Applied Physics Letters, 2012, 100 (5): 052404.

[121] Niziol S, Zięba A, Zach R, et al. Structural and magnetic phase transitions in $Co_xNi_{1-x}MnGe$ system under pressure [J]. Journal of Magnetism and Magnetic Materials, 1983, 38: 205-213.

[122] Trung N T, Zhang L, Caron L, et al. Giant magnetocaloric effects by tailoring the phase transitions [J]. Applied Physics Letters, 2010, 96 (17): 172504.

第2章 磁相变合金样品制备与表征

本章主要介绍多晶块材样品和薄膜样品的制备方法和表征手段。块材样品制备包含如下：①利用真空电弧熔炼炉制备出多晶块材样品；②热处理采用快淬或缓冷到室温；③在强磁场中凝固或者在较大磁场中粘接凝固获得取向样品。薄膜样品制备包含：①通过磁控溅射法在［001］取向的 PMN-PT 单晶衬底上获得 $FeRh_{0.96}Pd_{0.04}$ 多晶薄膜；②在衬底背面通过离子溅射镀上 Au 电极。主要表征手段和测量方法包括：①X 射线衍射（XRD）仪表征结构；②超导量子干涉仪（SQUID）、综合物性测量系统（PPMS）以及振动样品磁强计（VSM）测量磁性；③采用应变片法在综合物性系统上测量磁致伸缩。

2.1 样品制备方法

2.1.1 真空电弧熔炼法

采用真空电弧熔炼法制备多晶块材。首先，需要打磨掉原料表面的氧化层以及杂质。对 Mn 元素还要经过稀释的盐酸酸洗和熔炼几次而获得较纯的金属单质。根据原子式计算出所需要的原料，进行配比，精确到 0.001 g，并混合均匀。把配好的原料放入熔炼炉中的铜坩埚内（图 2-1），并把单质 Zr 也放入铜坩埚内，依次编号，关闭炉腔。电弧炉用循环水冷系统冷却。熔炼前，先用机械泵抽取真空到 9 Pa 以下，然后用分子泵继续抽真空到 5×

10^{-5} Pa，关闭分子泵，充氩气到 60795 Pa。然后启动电弧炉，先熔炼 Zr，目的是通过 Zr 吸收炉腔内残余氧气。熔过 Zr 后，再依次按照编号熔炼原料，根据原料挥发情况随时调节电流大小和起弧时长。此外，为确保熔炼的合金更加均匀，开启磁力搅拌器搅拌。为确保合金均匀化，需要重复熔炼 3～4 次。熔炼结束后，先把电流调小，再关掉电源。

图 2-1　水冷式铜坩埚电弧炉

2.1.2　热处理过程

熔炼后的样品如果肉眼观察相对均匀，就需要对样品进行退火，以消除样品内部残余应力，获得纯相。具体步骤：把熔炼后的样品放入一端封闭的石英管中，先用机械泵抽真空，然后充入少量氩气后封管。将装有样品的石英管放入高温炉中，退火前根据需要设定退火温度、退火时间、升/降温速率等，退火一段时间后，选取合适的冷却方式（冷水快淬或者随炉冷却）冷却。这些步骤为获得理想的材料性能奠定基础。

2.1.3　强磁场凝固

利用中国科学院强磁场科学中心的强磁场设备凝固样品，获得有织构的样品。强磁场凝固设备由一个超导磁铁和一个类似管式炉的腔体组成。利用液氦对超导磁铁制冷，磁场最大达到 8 T。利用电阻加热腔体。为保护超导线圈，腔体和超导磁铁之间的热交换采用循环水阻隔。对样品施加强磁场一般是在高温下进行，这是因为在凝固或退火过程中强磁场对材料的物性有很大影响。由于腔体无法密封，不能充入保护气，所以需要把样品封在真空石英管中再放入腔体内加热。利用此装备制备出有织构的 MnCoSi 基合金。

2.1.4 磁控溅射

磁控溅射是一种金属薄膜沉积技术。根据不同的需要，可以分为直流溅射和交流溅射[1]。一般采用交流溅射制备氧化物薄膜，采用直流溅射制备金属薄膜。磁控溅射因为操作简单、易于控制、沉积速率高、镀膜面积大，成膜致密、均匀，附着力强和工艺环保而得到广泛应用，并且现在的磁控溅射更是达到了低温、高速、低损伤。图 2-2 为磁控溅射原理图，溅射靶材和基片分别作为阴极和阳极。溅射前先往真空腔室中充入氩气作为放电载体。接通高压电源，电子在电场作用下与氩原子（Ar）相遇，

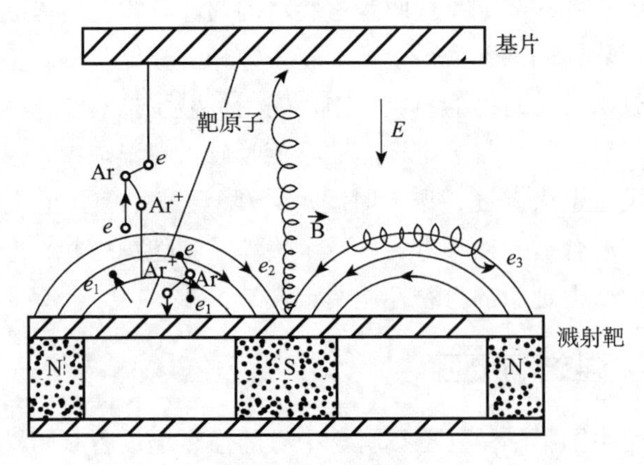

图 2-2　磁控溅射原理示意

从而电离出二次电子和 Ar^+，此时电子向基片飞去，而 Ar^+ 则在电场作用下加速飞向阴极。靶材受到 Ar^+ 的轰击后，靶原子脱离靶材并飞向基片沉积成薄膜。由于靶（阴极）、等离子体和被溅零件/真空腔体可形成回路，所以磁控靶源溅射金属和合金薄膜非常容易。

2.1.5　离子溅射

利用小型离子溅射仪对 PMN-PT 衬底镀 Au 电极。其工作原理是通过离子源发射出离子，经过引出、加速及聚焦过程，使离子变为束状，通过离子束轰击高真空室中的 Au 靶，利用溅射出来的 Au 原子进行镀膜。其镀膜的厚度主要由镀膜时间和工作电流的大小来决定。可以在 PMN-PT 衬底背面，溅射一层厚度可调控的 Au 膜。本书中用到的离子溅射仪型号为 KYKY，SBC-12 型，北京中科仪生产（图 2.3）。

图 2-3　小型离子溅射镀膜仪

2.2　结构性能表征

2.2.1　X 射线衍射

1895 年德国物理学家伦琴发现了 X 射线（也称为伦琴射线）。然而伦琴只知道它具有特别强的穿透能力，并不知道这种射线的本质。1912 年，德国物理学家劳厄发现 X 射线本质是一种波长极短的电磁波，波长范围在 0.001～10 nm，X 射线与晶体相遇时会发生衍射现象。X 射线衍射的基本原理是[2,3]：当一束单色 X 射线以一定角度入射到晶体时，由于晶体是由排列规则的原子组成，且原子间距与入射 X 射线的波长有相同的数量级，晶体可以被认为是一个立体光栅。由于不同原子散射的 X 射线之间相互干涉，衍射加强会在某些特定的方向上出现（图 2-4）。布拉格父子推导出布拉格衍射定律，即布拉格方程：

$$2d\sin\theta=n\lambda \tag{2.1}$$

式中：

d ——晶面间距；

θ ——入射 X 射线衍射角；

n ——衍射级数；

λ ——X 射线波长。

根据样品的衍射结果，可以分析其相的结构；相结构确定后，根据密勒指数[4]（hkl）就可以计算出相应的晶格常数。

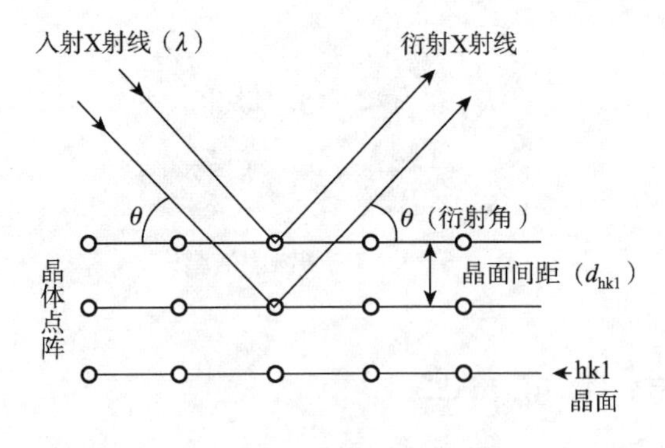

图 2-4　X 射线衍射示意

利用 X 射线衍射法分析多晶块材、粉末及薄膜的结构，判断样品的相和晶格常数。有两类样品，一类是合金块材；另一类是合金薄膜。对于多晶块材，先将样品磨成粉末，然后把粉末放置于 X 射线衍射仪的样品台中心位置；启动 X 射线扫描粉末样品，为获得衍射强度与 θ 的关系，需同时让探测器以 2θ 同步旋转。测得的数据通过方程 2.1 处理得到各衍射峰对应的面间距及晶格常数。对于有织构的块材，有一定的择优取向，其性质类似于单晶。X 射线衍射对垂直于取向方向的截面进行扫描，会出现部分衍射峰消失，只保留一些增强的衍射峰的现象。根据这些衍射峰，可以推断出样品的取向。这种方法比电子背散射更简单，更实用。利用这一技术对强磁场凝固后的 MnCoSi 基合金进行分析，根据测得的数据做出极图，确定其取向。对于 FeRh 合金薄膜，先不加电场用 X 射线扫描薄膜表面确定其晶格结构以及晶格常数。相比于块材，薄膜样品要求扫描精度要提高，减小扫描的步长，并且由于存在很强的单晶衬底的衍射峰，操作要非常小心。此外，还要外加电压施加在衬底上下表面上，再次用 X 射线扫描薄膜表面确定其晶格常数，观察有无变化。观察到薄膜样品衍射峰的移动，确定晶格常数的变化。

2.2.2　磁性测量

2.2.2.1　振动样品磁强计

振动样品磁强计（VSM）[5] 是一种测量材料磁性的重要工具，可以测量包括饱和磁矩、矫顽力和剩余磁矩等基本磁性参数。本课题使用的是美国 Lakeshore 公司生产的 VSM，它主要由五部分组成：水冷电磁铁、能用程序控制的大功率直流电源、励磁振动器、感应线圈和检测系统。其磁场最大可达 1 T 左右。其升降温可通过不同组件实现，温度测量范围为 77～400 K，测量数据可由计算机直接给出。图 2-5 为其工作原理示意图。VSM 是一种基于电磁感应原理的磁性测量系统（图 2-6），其基本原理：可以测量被磁化的小尺度样品的磁性。可将这个小尺度样品当作一个磁偶极子，通过感应线圈中心连线附近做等幅振动，产生感生电压并放大检测，根据放大的电压确定其磁性大小。

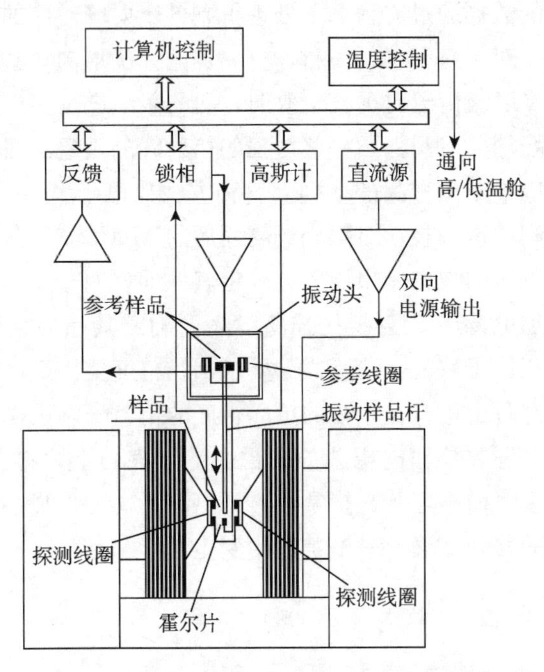

图 2-5　振动样品磁强计原理示意

图 2-6 VSM 装置

2.2.2.2　超导量子干涉仪

超导量子干涉仪（SQUID）作为另一种测量物质磁性的重要工具[6,7]，得到广泛应用。它是一种把磁通转化为电压的磁通传感器，因其具有极高的灵敏度，所以可用来测量极其微弱的磁场和磁矩，还可以测量电压、磁化率等物理量。其基于超导约瑟夫森效应和磁通量子化现象，磁性样品移动时产生的磁通量变化通过磁梯度探测线圈测量。磁通量变化可以转化成电流信号，线圈内电流信号正比于磁通量变化并传递给信号线圈，信号线圈中的电流感应又耦合到 SQUID 传感器上，将信号输入放大器，检测到输出电压信号。实现磁通量与电压之间的转换，最终获得磁化强度。其原理示意图如图 2-7 所示。

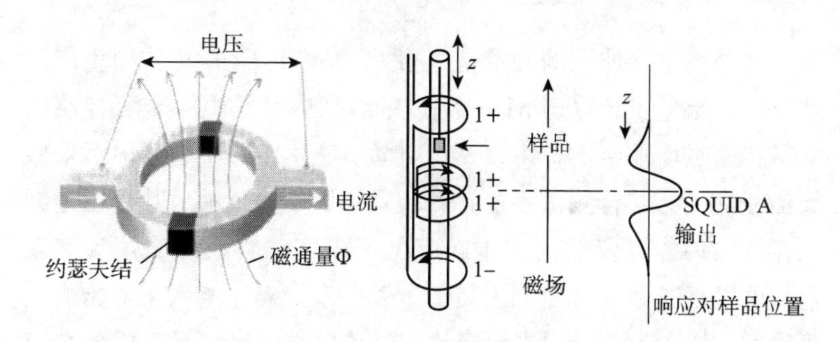

图 2-7　SQUID 测量原理示意

本书中所使用的 MPMS-7 型超导量子干涉仪，由 Quantum Design 公司生产（图 2-8）。它的工作温区为 1.9～400 K，最大磁场可达到 7 T，最小分辨率可达 2×10^{-5} T。其磁矩测量范围是 −2～2 emu，测量精度达到 10^{-8} emu。相比其他测量磁性的仪器，SQUID 精度更高，更适合测量微弱的磁场和微小的磁矩。由于使用了超导线圈，所以产生比较大的磁场。但由于是提拉法测磁矩，测量时间比较长。而且超导线圈必须要在较低的温度下才能工作，所以仪器冷头需要连续工作以保持线圈的超导性，所以后期对该设备的日常维护费用比较高。

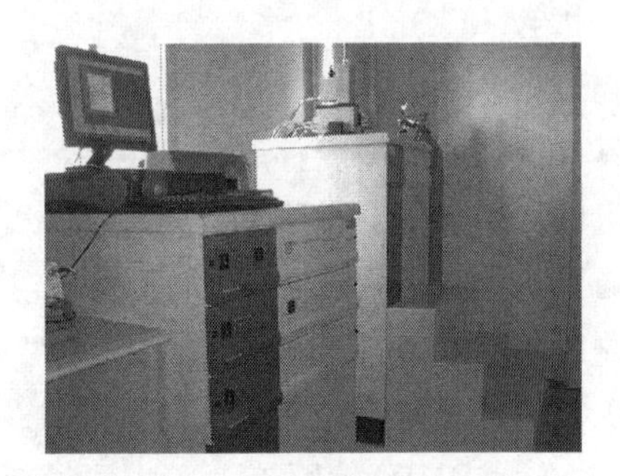

图 2-8 SQUID 装置

2.2.3 磁致伸缩测量

本书中磁致伸缩的测量是通过 Quantum Design 公司生产的综合物性测量系统（PPMS）完成的。PPMS 是在一个可控制的低温和强磁场平台上，可以测量电学、磁学、热学、光电和形貌等各种物性的综合测量手段，其装置如图 2-9 所示。其极大地减少客户购买各类仪器的成本，避免了搭建实验系统的烦琐和误差，可以迅速地实现研究人员的试验要求。对于绝大多数常规试验项目，PPMS 可以根据要求挑选试验配件，利用设计好的全自动的测量软件（具有标准测量功能）及硬件，实现对热磁曲线、磁滞回线、电阻率、磁电阻、比热、热电效应、热导率、伏安特性、微分电阻、霍尔系数、临界电流以及塞贝克系数等各种物理量的测量。PPMS 包含以下几个部分：温度控制、磁场控制、直流电学测量和 PPMS 控制软件系统。其硬件包括：测量样品腔、普通液氦杜瓦、超导磁体及电源组件、真空泵、计算机和电子控制系统等。其基本系统提供了低温和强磁场的测量环境，以及用于对整个 PPMS 系统控制和对系统状态进行诊断的中心控制系统。可使用温区范围是 1.9～400 K，最大磁场可达到 9 T。

图 2-9　PPMS 装置

本书块状样品放入 PPMS 腔室中，抽取真空，利用标准电阻应变片法测量样品的磁致伸缩。该方法具有操作简单、成本低廉、灵敏度高、测量范围广等优点而被广泛用于测量微小长度变化。高敏感的电阻应变片是关键因素。利用电阻丝的电阻率随金属丝的形变而变化的关系，可以把应变转化成与之对应的电阻的变化，通过测量应变片的电阻而得到磁致伸缩大小，具体换算关系如下：

$$\lambda=\frac{\Delta L}{L}=\frac{R(H)-R(0)}{k\times R(0)}\times 10^6 \qquad (2.2)$$

式中：

k 表示应变片的灵敏系数；R（0）和 R（H）分别代表同一个温度 T 下施加不同磁场所对应的应变片电阻值，本书中使用的应变片灵敏系数大约是 2.0，初始电阻大约是 120Ω。

参考文献

[1] 徐万劲．磁控溅射技术进展及应用（上）［J］．现代仪器，2005（5）：1.

[2] Cullity B D. Element of X-ray diffraction [M]. Addison-Wesley, Mass, 1978.

[3] 周玉．材料分析方法 [M]. 北京：机械工业出版社，2000.
[4] 侯增寿，卢光熙．金属学原理 [M]. 上海：上海科学技术出版社，1990.
[5] 周文生．磁性测量原理 [M]. 北京：电子工业出版社，1988.
[6] 龚元元．磁相变合金的磁致伸缩和磁热效应 [D]. 南京：南京大学，2015.
[7] 熊元强．磁性氧化物薄膜中电致电阻和电控磁效应研究 [D]. 南京：南京大学，2015.

第3章　粘接取向的MnCoGe基合金的磁致应变效应

3.1　引言

近年来，基于3d过渡族元素的磁相变材料MnM′X（M′=Co，Ni；X=Si，Ge）合金逐渐引起人们的注意。这是因为其在相变点附近表现出磁热效应、磁电阻效应和负热膨胀等丰富的物理效应[1-17]，同时这类合金兼具成本低廉和制备工艺简单等优点，从而成为当前磁相变合金研究的热点。

MnM′X合金的高温奥氏体相具有六角Ni_2In型晶格结构（空间群$P6_3/mmc$），合金中的Mn、M′、X遵循特定的占位规则[18]：一般说来，Mn倾向占据$2a$位（0，0，0）、(0，0，0.5)；M′通常倾向占据$2d$位（1/3，2/3，3/4）、（2/3，1/3，1/4）；X占据$2c$位（1/3，2/3，1/4）、(2/3，1/3，3/4)，从而形成一种层状蜂窝结构，其中M′和X原子之间形成较强的共价键，Mn与M′-X环之间主要是金属键作用。低温马氏体相是正交TiNiSi型晶格结构（空间群Pnma）[5]，其内部各原子均占据$4c$位[19]，分别是：(x，1/4，z)、($-x$，3/4，$-z$)、($1/2-x$，3/4，$1/2+z$)以及($1/2+x$，1/4，$1/2-z$)。M′和X之间仍然是共价键连接[20,21]，Mn原子与M′-X环之间依旧是金属键作用[22]。此类合金中存在着复杂的相邻原子间的耦合，比如Mn-Mn，Mn-M′以及X-X等，并且随着M′和X之间原子半径的不同而改变，表现出丰富多样的磁性[2]。常见的MnNiSi和MnCoGe合金是典型的共线铁磁体[2]，而 MnCoSi 和 MnNiGe 为螺旋反铁磁结构[2]。这些合金在降温过程中发生从高温奥氏体转变成低温马氏体的结构相变（图 3-1）。本章主要研究的是 MnCoGe 基合金的磁致应变效应。

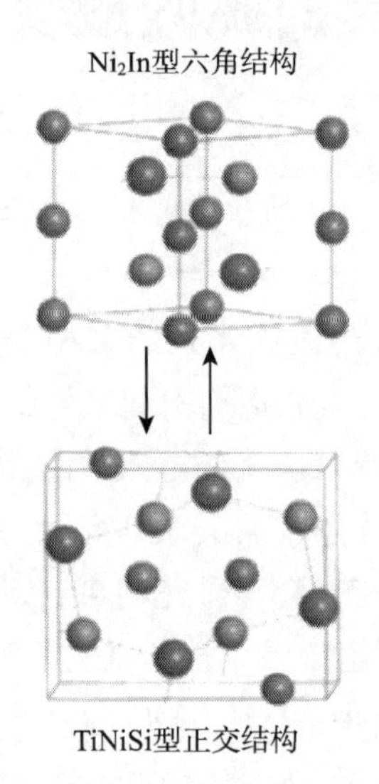

图 3-1　MnM′X 合金的 Ni_2In 型奥氏体和 TiNiSi 型马氏体

MnCoGe 基合金简介

如前所述，正分的 MnCoGe 在室温下是正交 TiNiSi 型马氏体相，为共线铁磁体[2,22]，饱和磁矩为 4.13 μ_B，居里温度约为 355 K[5]。其奥氏体相的饱和磁矩为 2.76 μ_B，居里温度约为 261K[7]，而马氏体相变温度约为 650 K[8]。MnCoGe 基合金在马氏体相变发生时伴随着巨大的负热膨胀（约 3.9%）[8]，如果该相变能被磁场所驱动，那么这类合金就有望成为巨磁致应变材料。但一方面由于这类合金结构相变和磁相变没有耦合，磁场难以驱动马氏体相变。另一方面剧烈相变会引起合金块体碎裂成粉末，无法直接测量该合金的磁致应变效应。以上这些问题极大地限制了 MnCoGe 基合金的应用。

根据克劳修斯-克拉珀龙方程[20]可知，如果要实现磁场驱动马氏体相变，就需要两相间具有尽可能大的饱和磁化强度之差（ΔM）。这样，外加磁场就可以给两相引入 Zeeman 能，改变两相的平衡温度点（上升或下降），从而导致结构相变。图 3-2 为 MnCoGe 基合金的磁结构相变示意，从中可以看到，正分的 MnCoGe 马氏体相变温度远离其马氏体和奥氏体的居里温度，此时该结构相变发生在两相的顺磁态（PM）之间（1 区域）。两相之间的 ΔM 很小，导致磁场难以驱动相变。同样，发生在两相的铁磁态（FM）之间（3 区域）的马氏体相变，ΔM 也很小，磁场也难以驱动相变。只有发生在两相居里温度之间（2 区域）的马氏体相变，才可能出现大 ΔM，从而能被磁场所驱动。因此，通常需要采用下列手段去调节马氏体相变温度到 2 区域：

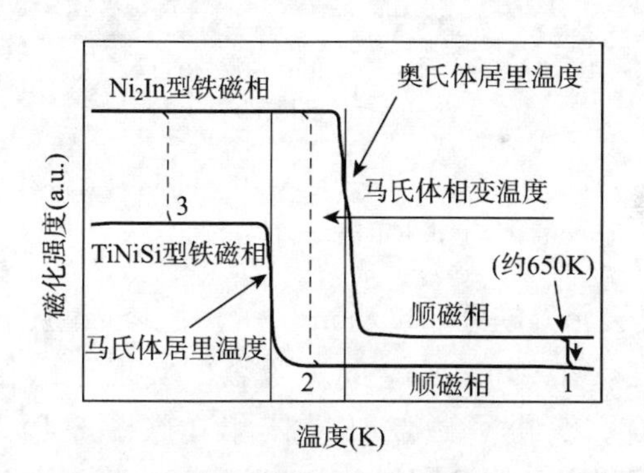

图 3-2　MnCoGe 基合金的磁结构相变示意

（1）元素替代。 Trung 等[13]用 Cr 来替代 Mn 制备出 $Mn_{1-x}Cr_xCoGe$ 合金，引起 Mn-Mn 原子间距发生变化，影响到 TiNiSi 相和 Ni_2In 相之间的结构稳定性，导致相变温度明显降低，明显观察到一级磁结构相变（图 3-3）。马胜灿[23]利用少量的 V 取代 Mn 形成 $Mn_{1-x}V_xCoGe$ 合金，该类材料的马氏体相变温度已经调到室温附近。此外，马胜灿[24]通过 Cu 替代 Mn，制成 $Mn_{1-x}Cu_xCoGe$ 条带，也成功把马氏体相变温度调到 280 K 左右。Lin 等[7]通过 Fe 替代 Mn，也成功地将结构相变温度调到了室温附近。另外，Choudhury 等[25]采用 Zn 替代 Co 形成 $MnCo_{1-x}Zn_xGe$ 合金，同样也获得了磁结构相变。Hamer 等[9]通过采用少量 Sn 替代 Ge 形成 $MnCoGe_{1-x}Sn_x$，成功将马氏体相变降低到两相的居里温度之间，观察到了磁驱马氏体相变。

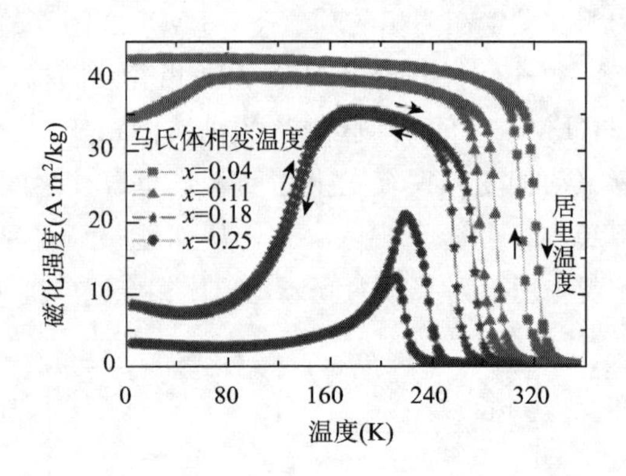

图 3-3　$Mn_{1-x}Cr_xCoGe$（x=0.04，0.11，0.18，0.25）合金在 0.1 T 磁场的热磁曲线

(2) 过渡元素缺分。Koyama 等[26]引入 Co 原子缺分来降低相变温度，在 $Mn_{1.07}Co_{0.92}Ge$ 合金中实现了磁相变和结构相变的耦合，获得了磁驱马氏体相变（图 3-4）。1975 年，Johnson[5]研究 MnCoGe 时，观察到了 Mn 缺位也具有降低相变温度的作用。刘恩克等[14]通过引入少量 Mn 原子缺分，成功地将结构相变温度降低到室温附近，获得一个大的居里窗口（图 3-5）。

(3) 调节磁性原子比例。南京大学马胜灿[27]通过调节 Mn 与 Co 的比例，有效地降低了 $Mn_{1+x}Co_{1-x}Ge$ 的马氏体相变温度，成功实现磁驱马氏体相变（图 3-6）。

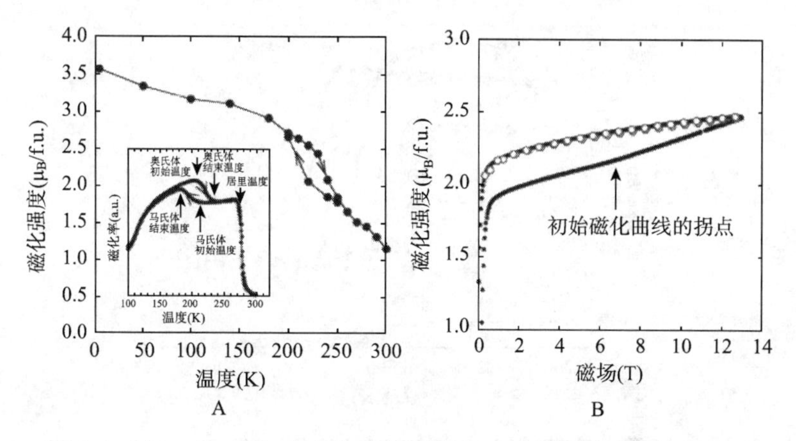

图 3-4　$Mn_{1.07}Co_{0.92}Ge$ 合金的热磁曲线（A）和磁驱马氏体相变（B）

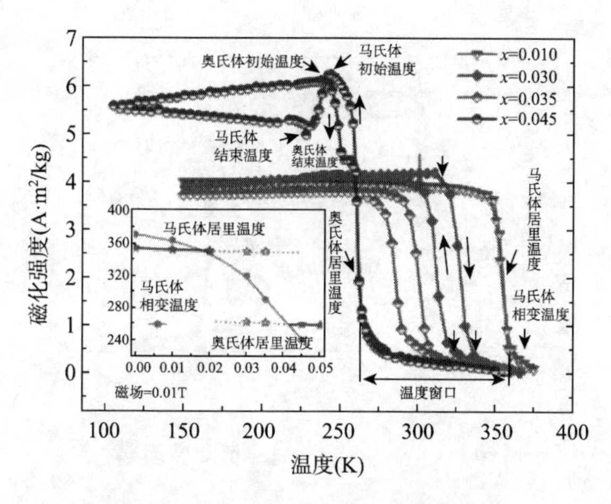

图 3-5　$Mn_{1-x}CoGe$ 合金的热磁曲线

（4）掺杂间隙位原子。 Trung 等[15] 利用少量 B 掺杂形成 $MnCoGeB_x$ 合金，其热磁曲线（图 3-7）显示，$MnCoGeB_x$ 合金的结构相变温度已经降到了 300 K 以下，获得了一级磁结构相变。

（5）施加等静压。 Brück 等[28] 在 $Mn_{0.93}Cr_{0.07}CoGe$ 合金施加等静压力，发现马氏体相变受到压力的作用而向低温移动，在

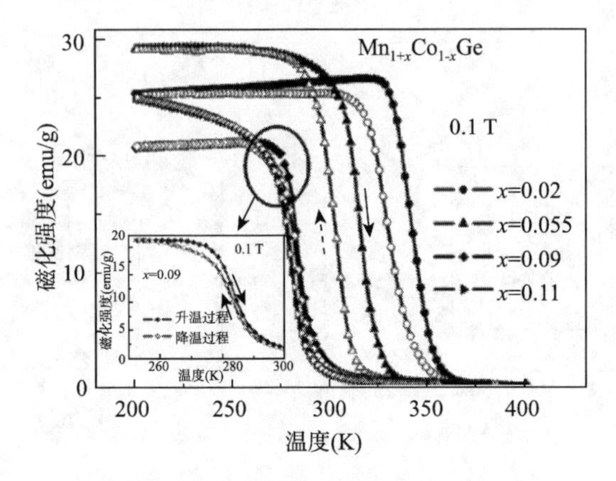

图 3-6　$Mn_{1+x}Co_{1-x}Ge$ 合金的热磁曲线

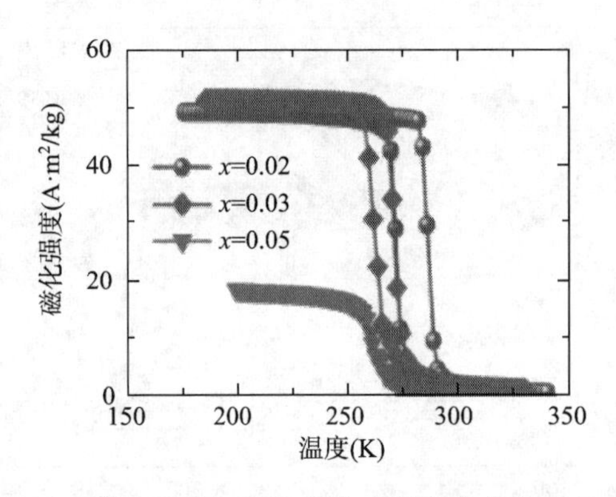

图 3-7　$MnCoGeB_x$ 合金的热磁曲线

255 K 和 300 K 之间产生 PM-FM 型马氏体相变（图 3-8）。

通过以上方法，均可以有效降低 MnCoGe 基合金的马氏体相变温度到室温附近，这对于实际应用是有利的。但是当今的科研工作者对 MnCoGe 基合金的研究还是主要集中在室温附近磁结构相变引起的巨磁热效应，对其他磁性方面的研究并不多。这是因为该类材料的马氏体结构相变过程异常剧烈，伴随着巨大的负热膨胀效应[8]，并且由于合金中存在较强的共价键作用，相变

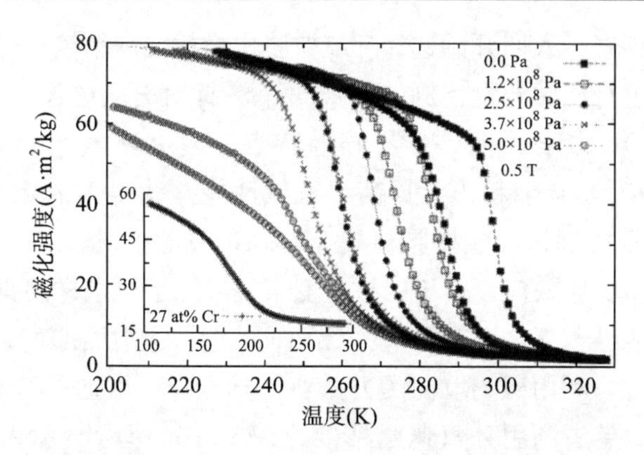

图 3-8　$Mn_{0.93}Cr_{0.07}CoGe$ 合金随等静压变化的热磁曲线

时晶格畸变严重，材料会自发碎裂成微米级颗粒[5]，这极大阻碍了它的实际应用。最近，赵莹莹等[29]报道了该类材料在马氏体相变中产生高达 1.0995×10^{-2} 的负热膨胀效应（图 3-9），这也暗示着磁场诱导马氏体相变也会产生一个很大的应变输出，说明此类材料是潜在的磁致应变材料。笔者希望获得它在室温附近的磁致应变效应。

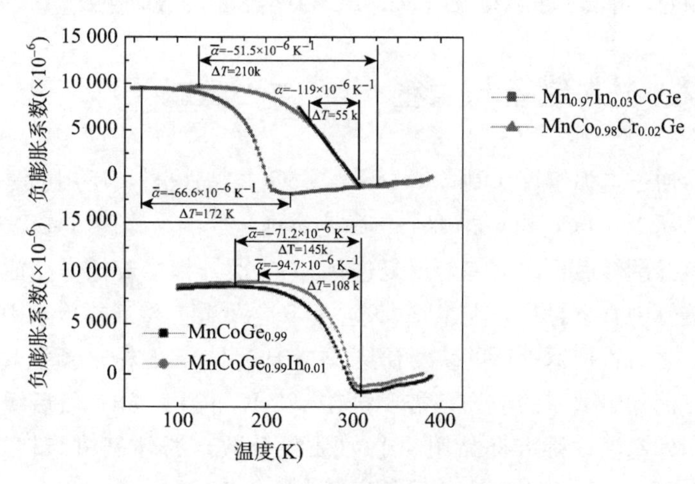

图 3-9　MnCoGe 基合金的负热膨胀效应

近年来，人们开始选择环氧树脂作为粘接剂粘接易碎的合金粉末，进行相关测量。例如，张虎等[30]针对著名磁制冷合金 La(Fe，Si)$_{13}$ 力学性能差、易碎的特点，通过环氧树脂粘接 La(Fe，Si)$_{13}$基合金粉末，提高了机械性能并获得大的磁卡效应。赵莹莹等[29]通过环氧树脂粘接 MnCoGe 基合金粉末，测量了该材料的负膨胀效应。对于磁致应变来说，除了要求样品具有好的力学性能外，还需要其具有择优取向。笔者仿照粘接 NdFeB 的制备工艺，利用磁场取向的方法获得具有择优取向的合金样品。本章中，笔者利用环氧树脂粘接的 MnCoGe 基合金粉末在磁场下取向，来研究所得到的复合材料磁致应变效应。

本章采用 Mn 缺分的方法，制备出 $Mn_{0.965}$CoGe 合金，成功将马氏体相变温度调节到两相居里温度之间，观察到了温度诱导的顺磁奥氏体—铁磁马氏体的结构相变。采用环氧树脂粘接合金粉末并放在磁场下固化，获得了有取向的合金，这有利于增大磁致应变效应。通过对材料进行结构分析以及磁性测量，发现了 $Mn_{0.965}$CoGe 合金粉末在粘接取向前后的衍射峰发生明显变化以及磁驱马氏体相变，并测量了粘接取向 $Mn_{0.965}$CoGe 合金的磁致应变效应。

3.2 材料制备与表征

通过电弧熔炼法制备出 $Mn_{0.965}$CoGe 多晶块材，所用的是高纯金属 Mn、Co 和 Ge，保护气体为高纯氩气。为确保熔炼均匀，将铸锭翻转后再次熔炼，反复进行 3～4 次。紧接着把样品放入石英管中真空封管，在 1123 K 温度下退火 5d，然后在冷水中快淬。之后，把退火后的块材研磨成小于 0.1mm 的粉末颗粒。为确保消除研磨后的应力，需要再在 573 K 下退火 5h，然后缓慢冷却到室温。粉末样品用 40%（质量分数）的环氧树脂粘接，并在 280 K 温度下放入 3 T 的磁场中固化 1d。

所得的复合材料用 XRD 确定其室温下的晶格结构。用 VSM、PPMS 以及 SQUID 测量其磁性。用应变片法在 PPMS 上测量其磁致应变效应。通过电子万能试验机获得样品的应力—应变曲线。

3.3　粘接取向 $Mn_{0.965}CoGe$ 合金的磁致应变效应

3.3.1　XRD 结构分析

图 3-10 给出了室温（大约 298 K）下的 $Mn_{0.965}CoGe$ 合金粉末和在磁场中粘接取向后的合金 XRD 图谱。如前所述，正分的 MnCoGe 合金在室温时是正交的 TiNiSi 型结构[18]。从图 3-10 中很明显看到，在 XRD 扫描的范围内（25°～65°），两个样品都是单一的六角 Ni_2In 型结构，说明在室温时，两个样品没有发生马氏体相变，还处于奥氏体相。这表明了采用 Mn 缺分的方法，可以有效地降低 $Mn_{0.965}CoGe$ 的马氏体相变温度到室温甚至室温以下。相对于合金粉末而言，粘接取向合金的一些衍射峰明显被抑制了，表现出一定的织构，说明外磁场对复合材料起到了取向的作用，这对于提高该材料的磁致应变效应非常有利。

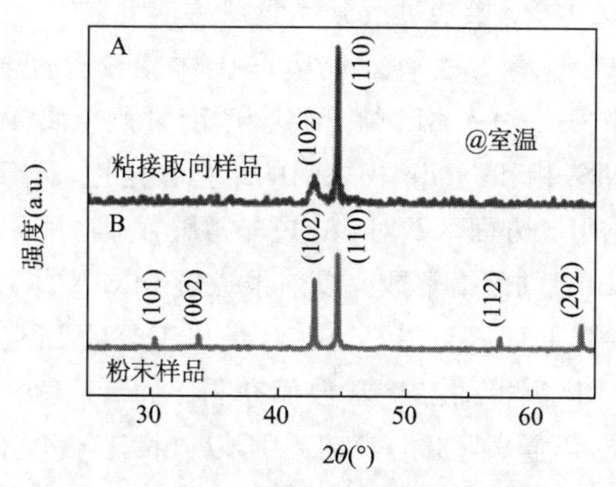

图 3-10　$Mn_{0.965}CoGe$ 粘接取向合金（A）和合金粉末（B）的室温 XRD 图谱

3.3.2 热磁曲线

图 3-11 为粘接取向 $Mn_{0.965}CoGe$ 合金和原始块材在 0.01 T 磁场下测量的升/降温热磁曲线（M-T），温度测量范围为 220～320 K。内插图表示热磁曲线的一阶导数随温度变化的关系。

如图 3-11A 所示，粘接取向后的合金随着温度降低，磁化强度表现出一个突然的跳跃，说明发生了一个从高温 PM 态到低温 FM 态的马氏体相变。而在升温过程中，也表现出磁化强度的突然跃变，对应着从高温 FM 态到低温 PM 态的逆马氏体相变。升温和降温过程中出现大约 12 K 的热滞，表明了这个相变是一级相变。为了确定粘接取向 $Mn_{0.965}CoGe$ 合金的相变温度（T_t），通过升温和降温过程中 M-T 曲线对温度的一阶导数 dM/dT 获得，如图 3-11A 的内插图所示，在降温和升温过程中 dM/dT 的最小值分别为 272 K 和 284 K。通过计算［（272 K＋284 K）/2］[31]得到 T_t为 278 K。

MnM′X 合金的马氏体相变对过渡族元素的原子间距非常敏感[12,14,32]。如前所述，T_t可以通过引入过渡金属缺分[12,14]、引入间隙位原子[15]、掺杂过渡族元素或主族元素[13,19,33,34]以及施加静压力[17,26,35]等方法有效调节马氏体相变温度到室温。在 $Mn_{0.965}CoGe$ 中，引入 Mn 缺分将会改变过渡金属元素的间距，影响到 TiNiSi 相和 Ni_2In 相之间的结构稳定性，导致相变温度的降低[14]。另一方面，T_t对 c/a 也非常敏感，这里 a 和 c 分别代表六角 Ni_2In 相的晶格常数。以前报道过 MM′X 体系中的 T_t会随着 c/a 的降低而降低[31,36,37]。对于非正分的 $Mn_{0.965}CoGe$ 合金，通过 XRD 测得的晶格常数而获得 c/a＝1.139，比正分的 $Mn_{0.965}CoGe$ 合金（1.300）[38]小。所以，相比于正分 MnCoGe，粘接取向的 $Mn_{0.965}CoGe$ 复合材料的 T_t从 650 K 降到了 278 K。

此外，为了显示与块材 $Mn_{0.965}CoGe$ 的区别，也给出块材

$Mn_{0.965}CoGe$ 的 M-T 曲线（图 3-11B）。块材样品也显示了与粘接取向合金类似的热磁行为。通过计算得到 T_t=275 K［（270 K+280 K）/2］，比粘接取向合金的 T_t 低 3 K。这是因为，磁场取向后的 $Mn_{0.965}CoGe$ 复合材料，其内部应力比块材的小，导致其 T_t 高于块材。这个结果与以前报道[29]的结论是一致的，也就是环氧树脂粘接后的 MnCoGe 基合金可以在静压力下成型，内应力增大引起了 T_t 的减小。

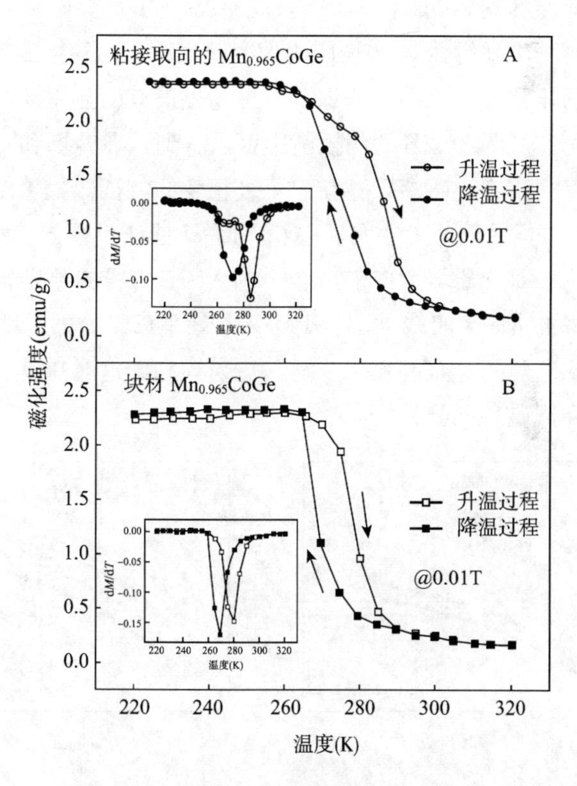

图 3-11　$Mn_{0.965}CoGe$ 合金的 M-T 曲线

A. 粘接取向的复合材料　B. 块材

（内插图表示 dM/dT）

3.3.3 等温磁化曲线

图 3-12A 为粘接取向 $Mn_{0.965}CoGe$ 合金升场和降场时的等温磁化曲线（M-H），温度范围为 260～300 K。从中可以看到，在 300 K 时，随着磁场升高或降低，磁化强度几乎是线性变化的。这表明了该温度下材料为顺磁态 Ni_2In 型的奥氏体。随着温度降低到 290 K，笔者观察到一条具有弱铁磁特征的 M-H 曲线。进一步降低温度到 280K 和 270 K，此时已经位于 T_t附近，没有发现明显的变磁性行为，这是因为驱动 MnCoGe 发生磁结构相变的临界场非常大[5]，即使施加 8 T 磁场也没有明显驱动马氏体相变。然而，从图 3-12B 的内插图中可以看到，在升场和降场过程中仍可以观察到小磁滞，存在着一级相变的特征。随着温度降低到 260 K，样品已经处在马氏体相，M-H 曲线呈现出典型的 FM 特征。为了对比磁场取向前后合金的 M-H 曲线的差别，同时测量了块材的 M-H 曲线（图 3-12）。从图 3-12B 中可以明显观察到粘接取向后的合金相比于块材，更易饱和，这意味着择优取向有助于降低磁各向异性场。

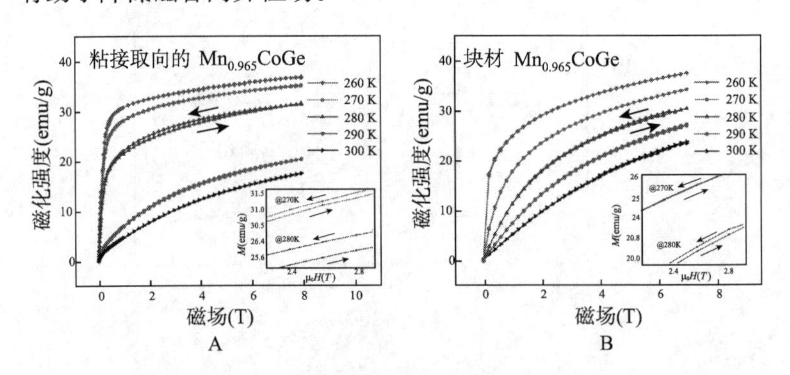

图 3-12 $Mn_{0.965}CoGe$ 合金

A. 粘接取向后的复合材料 B. 块材的 M-H 曲线

内插图表示在 270 K 和 280 K 时部分扩大化的 M-H 曲线

3.3.4　磁致应变曲线

图 3-13A 为 $Mn_{0.965}CoGe$ 粘接取向合金在不同温度下的磁致应变曲线。测量方向既平行于磁场方向，又平行于取向方向。当温度达到 300 K 和 290 K 时，由于这两个温度不在马氏体相变的温度区间内，所以磁场在这两个温度下很难驱动结构相变，导致没有观察到明显的磁致应变现象。随着温度进一步降低，观察到明显的磁致应变效应，并且在 270 K 时，磁致应变值在 8 T 磁场的驱动下可以达到最大值（9.25×10^{-4}）。从图 3-13 中可以明显观察到，在 260 K 和 270 K 时，磁致应变值几乎是随着磁场升高

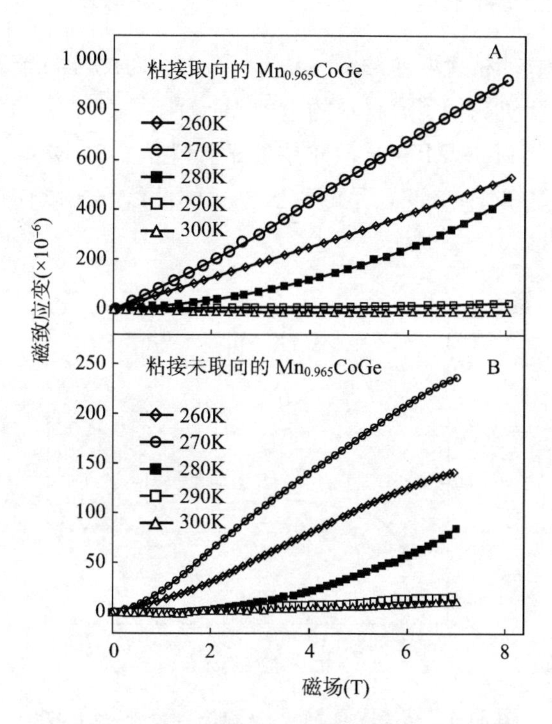

图 3-13　$Mn_{0.965}CoGe$ 复合材料的磁致应变曲线

A. 粘接取向　B. 无磁场取向

而线性增加的，这种线性行为适用于传感器和制动器等领域。为了解 $Mn_{0.965}CoGe$ 磁场取向前后磁致应变的差异，笔者用同样质量配比的环氧树脂粘接了 $Mn_{0.965}CoGe$ 合金粉末，但没有放在磁场中固化取向，只是放在 280 K 的空气中固化，随后测量了其磁致应变曲线（图 3-13B）。发现这个样品中的磁致应变数值比较小，这是因为样品缺少取向。所以，认为粘接取向后的 $Mn_{0.965}CoGe$ 合金的大磁致应变效应主要是两方面原因引起的：一是磁场引起的大的晶格变化；二是择优取向增大了磁致应变效应。

3.3.5 力学性能

为了表征粘接取向的 $Mn_{0.965}CoGe$ 合金的力学性能，采用电子万能试验机测量了该材料的应力-应变曲线（图 3-14）。当压应力从 0 变化到 30 MPa 时，样品处于弹性区，30 MPa 为屈服强度。30～70 MPa 区间，是塑性区。整体曲线属于软而韧型的应力-应变曲线。

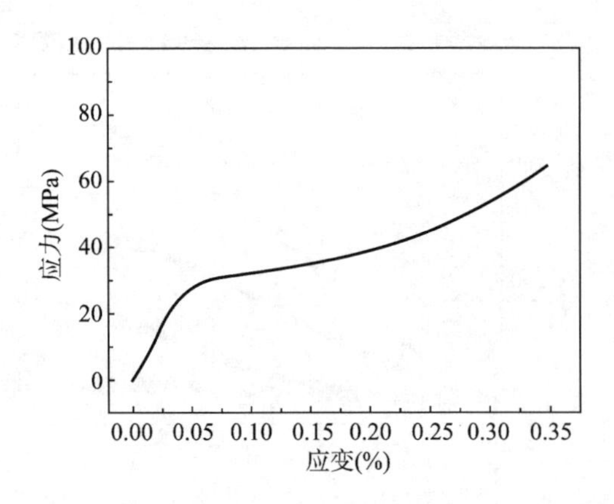

图 3-14　粘接取向 $Mn_{0.965}CoGe$ 合金的力学性能

3.4 总结与展望

马氏体相变温度高和机械性差这两个因素严重阻碍了 MnCoGe 基合金成为潜在的磁致应变材料。为了解决这些难题，笔者制备了环氧树脂粘接磁场取向的 $Mn_{0.965}CoGe$ 合金，并且研究了该类材料的磁性和磁致应变效应。通过引入 Mn 原子缺分，在室温附近观察到了从顺磁 Ni_2In 奥氏体相到铁磁 TiNiSi 马氏体相的一级结构相变。利用环氧树脂粘接合金粉末并放入磁场中取向，使得粘接的 $Mn_{0.965}CoGe$ 合金出现择优取向，这对于提高磁致应变效应非常有意义。测量结果证实该类材料表现出室温附近的大磁致应变效应。此外，该类材料又是由低成本的 3d 过渡族金属合成。所有这些特性表明该类材料可以成为潜在的磁致应变材料应用在声呐传感器、感应器、制动器等领域。

今后的工作还要致力于解决马氏体相变的驱动磁场较高的问题。此外，需要采用包括前面提到的方式、方法，调节粘接的合金马氏体相变到室温。再者，需要继续摸索复合材料中的合金粉末和环氧树脂的比例，使得既能保证在磁场下粉末颗粒能够沿着磁场方向取向，又能获得较大的磁致应变效应。

参考文献

[1] Liu E K, Wang W H, Feng L, et al. Stable magnetostructural coupling with tunable magnetoresponsive effects in hexagonal ferromagnets [J]. Nature Communications, 2012, 3: 873.

[2] 张成亮. 锰基合金中的磁性相变及其相关物理性质 [D]. 南京：南京大学，2010.

[3] 马胜灿. 合金磁相变的调控及其磁热性质 [D]. 南京：南京大

学，2011.

［4］刘恩克．Ni_2In 型六角 Mn（Co，Ni）Ge 体系磁性马氏体相变研究［D］．北京：中国科学院，2012.

［5］Johnson V. Diffusionless orthorhombic to hexagonal transitions in ternary silicides and germanides［J］．Inorganic Chemistry，1975，14（5）：1117-1120.

［6］Zhang C L，Wang D H，Cao Q Q，et al. Magnetostructural phase transition and magnetocaloric effect in off-stoichiometric $Mn_{1.9-x}Ni_xGe$ alloys［J］．Applied physics Letters，2008，93（12）：122505.

［7］Lin S，Tegus O，Brück E，et al. Structural and magnetic properties of $MnFe_{1-x}Co_xGe$ compounds［J］．IEEE Transactions on Magnetics，2006，42（11）：3776-3778.

［8］Kanomata T，Ishigaki H，Suzuki T，et al. Magneto-volume effect of $MnCo_{1-x}Ge$（$0 \leqslant x \leqslant 0.2$）［J］．Journal of Magnetism and Magnetic Materials，1995，140：131.

［9］Hamer J B A，Daou R，Özcan S，et al. Phase diagram and magnetocaloric effect of $CoMnGe_{1-x}Sn_x$ alloys［J］．Journal of Magnetism and Magnetic Materials，2009，321：3535.

［10］Koyama K，Sakai M，Kanomata T，et al. Field-induced martensitic transformation in new ferromagnetic shape memory compound $Mn_{1.07}Co_{0.92}Ge$［J］．Japanese Journal of Applied Physics，2004，43（12）：8036-8039.

［11］Zhang C L，Wang D H，Cao Q Q，et al. The magnetostructural transformation and magnetocaloric effect in Co-doped $MnNiGe_{1.05}$ alloys［J］．Journal of Physics D（Applied Physics），2010，43：205003.

［12］Wang J T，Wang D S，Chen C，et al. Vacancy induced structural and magnetic transition in $MnCo_{1-x}Ge$［J］．Applied Physics Letters，2006，89（26）：262504.

［13］Trung N T，Biharie V，Zhang L，et al. From single-to double-first-order magnetic phase transition in magnetocaloric $Mn_{1-x}Cr_xCoGe$ compounds［J］．Applied Physics Letters，2010，96（16）：162507.

[14] Liu E K, Zhu W, Feng L, et al. Vacancy-tuned paramagnetic/ferromagnetic martensitic transformation in Mn-poor $Mn_{1-x}CoGe$ alloys [J]. Europhys Letters, 2010, 91: 17003.

[15] Trung N T, Zhang L, Caron L, et al. Giant magnetocaloric effects by tailoring the phase transitions [J]. Applied Physics Letters, 2010, 96 (17): 172504.

[16] Kaprzyk S, Niziol S. The electronic struchyre of CoMnGe with the hexagonal and orthorhombic crystal structure [J]. Journal of Magnetism and Magnetic Materials, 1990, 87: 267-275.

[17] Niziol S, Zieba A, Zach R, et al. Structural and magnetic phase transitions in $Co_xNi_{1-x}MnGe$ system under pressure [J]. Journal of Magnetism and Magnetic Materials, 1983, 38: 205-213.

[18] Szytuła A, Pedziwiatr A T, Tomkowicz Z, et al. Crystal and magnetic structure of CoMnGe, CoFeGe, FeMnGe and NiFeGe [J]. Journal of Magnetism and Magnetic Materials, 1981, 25: 176-186.

[19] Bażeła W, Szytula A, Todorović J, et al. Crystal and magnetic Structure of NiMnGe [J]. Physics Status Solidi A, 1976, 38: 721-730.

[20] Kainuma R, Imano Y, Ito W, et al. Magnetic-field-induced shape recovery by reverse phase transformation [J]. Nature, 2006, 439: 957-960.

[21] Niziol S, Bombik A, Bażeła W, et al. Crystal and magnetic structure of $Co_xNi_{1-x}MnGe$ system [J]. Journal of Magnetism and Magnetic Materials, 1982, 27: 281-292.

[22] Webster P J, Ziebeck K R A, Town S L, et al. Magnetic order and phase transformation in Ni_2MnGa [J]. Philosophical Magazine Part B, 1984, 49 (3): 295-310.

[23] Ma S C, Zheng Y X, Xuan H C, et al. Large roomtemperature magnetocaloric effect with negligible magnetic hysteresis losses in $Mn_{1-x}V_xCoGe$ alloys [J]. Journal of Magnetism and Magnetic Materials, 2012, 324: 135-139.

[24] Ma S C, Hou D, Shih C W, et al. Magnetostructural transformation

and magnetocaloric effect in melt-spun and annealed $Mn_{1-x}Cu_xCoGe$ ribbons [J]. Journal of alloys and compounds, 2014, 610: 15.

[25] Choudhury D, Suzuki T, Tokura Y, et al. Tuning structural instability toward enhanced magnetocaloric effect around room temperature in $MnCo_{1-x}Zn_xGe$ [J]. Scientific Reports, 2014, 4: 7544.

[26] Koyama K, Sakai M, Kanomata T, et al. Field-induced martensitic transformation in new ferromagnetic shape memory compound $Mn_{1.07}Co_{0.92}Ge$ [J]. Japanese Journal of Applied Physics, 2004, 43 (12): 8036-8039.

[27] Ma S C, Wang D H, Xuan H C, et al. Effects of the Mn/Co ratio on the magnetic transition and magnetocaloric properties of $Mn_{1+x}Co_{1-x}Ge$ alloys [J]. Chin Phys B, 2011, 20: 087502.

[28] Caron L, Trung N T, Brück E. Pressure-tuned magnetocaloric effect in $Mn_{0.93}Cr_{0.07}CoGe$ [J]. Physics Review B, 2011, 84 (2): 020414 (R) .

[29] Zhao Y Y, Hu F X, Bao L F, et al. Giant negative thermal expansion in bonded MnCoGe-based compounds with Ni_2In-type hexagonal structure [J]. Journal of the American Chemical Society, 2015, 137: 1746-1749.

[30] Zhang H, Sun Y J, Niu E, et al. Enhanced mechanical properties and large magnetocaloric effects in bonded La (Fe, $Si)_{13}$-based magnetic refrigeration materials [J]. Applied Physics Letters, 2014, 104 (6): 062407.

[31] Huang Y J, Hu Q D, Li J G. Design in Ni-Mn-In magnetic shape-memory alloy using compositional maps [J]. Applied Physics Letters, 2012, 101 (22): 222403.

[32] Sandeman K G, Daou R, Özcan S, et al. Negative magnetocaloric effect from highly sensitive metamagnetism in $CoMnSi_{1-x}Ge_x$ [J]. Physics Review B, 2006, 74 (22): 224436.

[33] Samanta T, Dubenko I, Quetz A, et al. $Mn_{1-x}Fe_xCoGe$: a strongly correlated metal in the proximity of a noncollinear ferromagnetic state

[J]. Applied Physics Letters，2013，103 (4)：042408.

[34] Li G J，Liu E K，Zhang H G，et al. Phase diagram，ferromagnetic martensitic transformation and magnetoresponsive properties of Fe-doped MnCoGe alloys [J]. Journal of Magnetism and Magnetic Materials，2013，332：146-150.

[35] Anzai S，Ozawa K. Coupled nature of magnetic and structural transition in MnNice under pressure [J]. Physics Review B，1978，18 (5)：2173-2178.

[36] Samanta T，Lepkowski D L，Saleheen A U，et al. Hydrostatic pressure-induced modifications of structural transitions lead to large enhancements of magnetocaloric effects in MnNiSi-based systems [J]. Physics Review B，2015，91 (2)：020401 (R) .

[37] Liu J，Gong Y Y，Xu G Z，et al. Realization of magnetostructural coupling by modifying structural transitions in MnNiSi-CoNiGe system with a wide Curietemperature window [J]. Scientific Reports，2016，6：23386.

[38] Kanomata T，Ishigaki H，Sato K，et al. NMR Study of ^{55}Mn and ^{59}Co in MnCoGe [J]. Journal of Magnetic Society Japan，1999，23 (1-2)：418-420.

第4章 强磁场凝固法制备MnCoSi基合金的磁致伸缩效应

4.1 引言

磁致伸缩材料在磁场作用下会发生尺度的变化，出现反复伸长与缩短的现象，导致振动或声波的出现，引起电磁能—机械能—声能3种能量的相互转换，是具有能量与信息相互转换的多功能材料。在减振与防振、海洋探测与开发技术、军用声呐、智能机翼、自动化技术、线性马达、微位移驱动、微振动器以及微传感器等工程领域中有着极大的应用价值[1,2]。在室温下，一些稀土—过渡族合金由于稀土元素磁畴的转动，产生大的自发磁致伸缩，如具有 Laves 相的 $TbFe_2$ 在 2.5 T 磁场下表现出 1.753×10^{-3} 的磁致伸缩值[3]。有学者通过掺杂稀土元素 Dy，利用各向异性补偿，成功将临界磁场降到 1 T，获得了易轴 [111] 方向的 1.6×10^{-3} 大磁致伸缩值[4]，这种合金就是著名的磁致伸缩合金 $Tb_{0.3}Dy_{0.7}Fe_2$（Terfonl-D）。但该类材料存在着成本高以及脆性高等问题，不利于实际应用。另外，还有一些 Fe 基合金也表现出室温磁致伸缩，并且具有良好的延展性以及饱和磁场低等优点。比如 Fe-Ga 系合金，其在 0.4 T 磁场作用下磁化强度就已达到饱和，磁致伸缩值有 4×10^{-4}[5]，但是其有限的磁致伸缩值也阻碍了实际应用。

磁场诱导的应变是由磁场驱动孪晶晶界移动或者是磁场驱动相变引起而非磁场驱动磁畴转动引起。1996 年，Ullakko 等[6] 在

铁磁形状记忆合金 Ni_2MnGa 单晶中发现 2×10^{-3} 的大磁致应变值，这是磁场驱动马氏体孪晶晶界的移动引起的[7]。随后，人们对非正分的单晶 Ni_2MnGa 进行热—机械处理，分别在 5M 和 7M 马氏体变体中获得了 6×10^{-2}[8] 和 9.5×10^{-2}[9] 的大磁场应变值。单晶的合成工艺复杂并且成本较高，这些也限制了它的应用。人们又试图在 NiMnGa 多晶中获得磁致应变效应，但是多晶晶界阻碍了马氏体孪晶重取向，所以磁致应变效应并不大。

近年来，人们发现一些一级磁结构合金在磁场驱动相变过程中，伴随着相当可观的晶格常数的突变。1998 年，Morellon 等[10]发现 $Gd_5Si_{1.8}Ge_{2.2}$ 合金在 285 K 时，磁场诱导的磁结构相变伴随着约 1×10^{-3} 的可恢复的近似线性磁致应变效应。2009 年，刘剑等[11]在 310 K 时，从有织构的铁磁形状记忆合金 $Ni_{45.2}Mn_{36.7}In_{13}Co_{5.1}$ 多晶中获得了高达 2.5×10^{-3} 的大磁致应变值。

除了一级磁结构相变会带来巨大的磁致应变效应以外，还有一部分磁弹性相变合金在磁场诱导下也会产生相当大的磁致伸缩效应。2001 年，Fujieda 等[12] $La(Fe_{0.88}Si_{0.12})_{13}H_{1.0}$ 合金在 288 K 下，磁场驱动一级磁弹性相变产生一个高达 3×10^{-3} 的各向同性的线性磁致伸缩值。2015 年，龚元元[13]在 $Gd_{0.63}Sm_{0.37}Mn_2Ge_2$ 合金中获得了 9×10^{-4} 的室温磁致伸缩值。

上述这些磁相变材料均存在着诸如高临界场、较大的热/磁滞以及不可逆性等不足，这些不足极大地阻碍了它们的实际应用。所以，开发具有低临界场、较小的热/磁滞以及室温可逆的大磁致伸缩材料仍然是一个挑战。

MnCoSi 基合金简介：

MnCoSi 合金作为 MnM′X 家族一员，在低于奈尔温度（T_N 约 380 K 时），较大的磁场可以诱导该合金从反铁磁（AFM）相到铁磁（FM）相的变磁性相变，表现出磁热效应[14]、磁电阻效应[15]以及各向异性热膨胀[16,17]等丰富的物理现象，是一类具有广阔应用前景的多功能磁性材料。

正分 MnCoSi 合金的高温奥氏体是六角 Ni_2In 型结构（空间群 $P6_3/mmc$），Mn 占据 $2a$ 位（0，0，0）和（0，0，0.5）；Co 占据 $2d$ 位（1/3，2/3，3/4）和（2/3，1/3，1/4）；Si 占据 $2c$ 位（1/3，2/3，1/4）和（2/3，1/3，3/4）。在 1 190 K 时，该合金发生结构相变转变成正交 TiNiSi 型（空间群 Pnma）马氏体，Mn、Co 和 Si 这三种原子均占据 $4c$ 位，分别是（x，1/4，z）、（$-x$，3/4，$-z$）、（$1/2-x$，3/4，$1/2+z$）以及（$1/2+x$，1/4，$1/2-z$）[18]（图 4-1）。

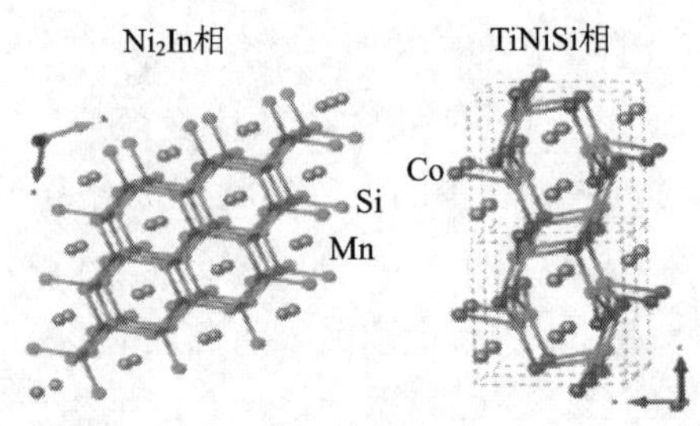

图 4-1　MnCoSi 合金从 Ni_2In 型奥氏体到 TiNiSi 型马氏体的结构相变

MnCoSi 合金中的 Mn 原子和 Co 原子磁矩各自平行于 a-b 面，沿 c 轴方向上形成 Co4′-Mn2-Mn3-Co1′-Co2′-Mn4-Mn1-Co3′的多层结构（图 4-2）。其中，Mn-Mn 和 Co-Co 原子层之间呈现非共线反铁磁结构，Mn-Co 原子层之间为非共线铁磁结构，并且 Mn、Co 原子磁矩分别沿着 c 轴方向以螺旋形状传播，表现出长程反铁磁有序、短程铁磁有序的特殊的双螺旋反铁磁结构。从图 4-2 可以看出，温度从 4.2 K 升到 293K 的过程中，MnCoSi 从双螺旋反铁磁结构逐渐过渡到散铁磁结构[19]。

图 4-3 为 MnCoSi 合金的等温磁化曲线，温度测量范围为 250～350 K。可以看出，在较低磁场下，随着磁场升高，磁化

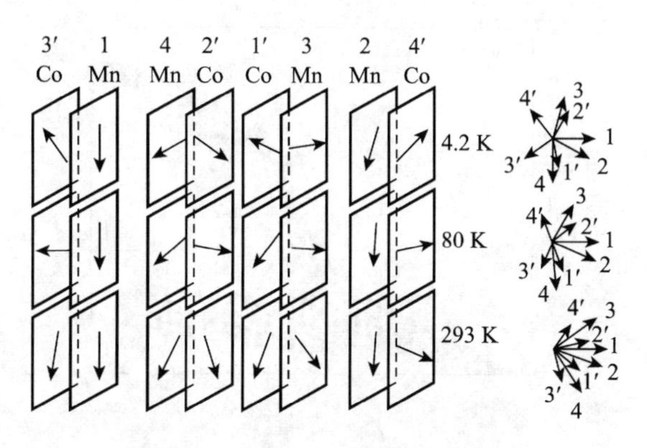

图 4-2　MnCoSi 合金的磁结构

强度近似线性增加，呈现出反铁磁行为。随着温度升高、磁场增大到某一临界值时，磁化强度突然发生剧烈跳跃，随后趋于饱和，呈现出 AFM 态到 FM 态的变磁性相变行为[19]。这是因为在外磁场的作用下，Mn、Co 原子磁矩从最初的螺旋反铁磁结构，过渡到散铁磁结构，最后演变成共线铁磁结构，是典型的磁场驱动的变磁性相变。笔者认为，从 AFM 到散铁磁相变是一级变磁性相变，而从散铁磁到 FM 是二级磁相变。在 T_N 以下，温度越低，驱动变磁性相变的临界场越大。随着温度升高，临界场逐渐降低。

值得注意的是，Sandeman 等[14] 发现当温度低于 T_N 时，MnCoSi 体系存在一个磁场诱导的三相点（T_{tri}）。这里，T_{tri} 被定义为升温过程中，一级相变转变到二级相变的临界温度，这就意味着低于 T_{tri} 存在着磁滞。相反的，如果温度高于 T_{tri}，变磁性相变是完全可逆的（图 4-4）。对于正分的 MnCoSi 合金，T_{tri} 大约为 280 K。即当温度低于 280K，是一级变磁性相变；当温度高于 280 K，是完全可逆的二级变磁性相变。

Sandeman 等[14] 报道 $MnCoSi_{1-x}Ge_x$（$x=0$，0.05，0.08）

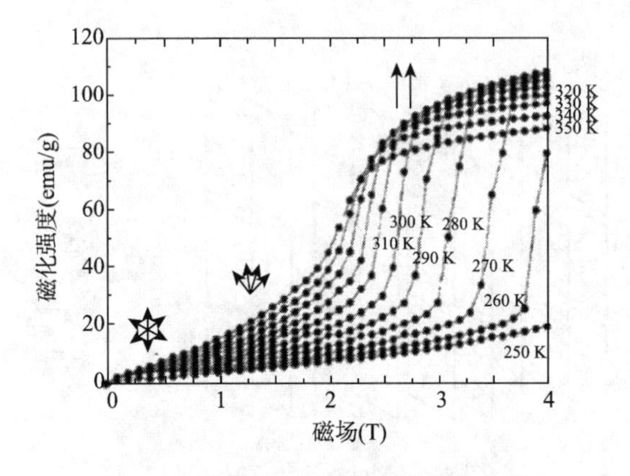

图 4-3　MnCoSi 合金的等温磁化曲线

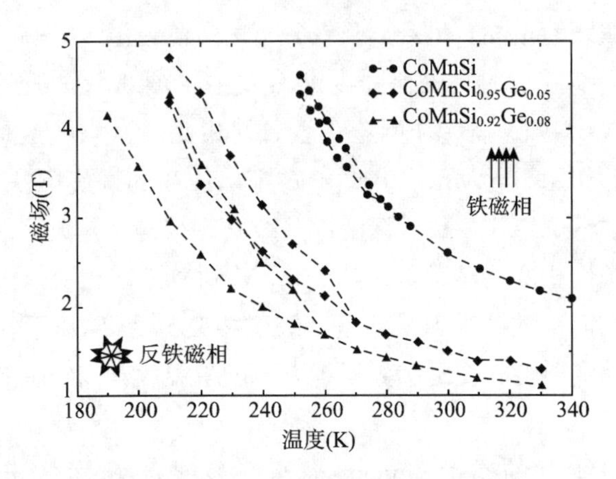

图 4-4　MnCoSi 合金的变磁性临界场

系列合金在 0～5 T 的磁场变化下，发生 AFM-FM 相变，伴随着较大的磁热效应（图 4-5）。MnCoSi 合金在 255K 附近出现磁熵变峰值，约为 6.8 J/(kg・K)。$MnCoSi_{0.95}Ge_{0.05}$、$MnCoSi_{0.92}Ge_{0.08}$合金的磁熵变分别在 220K 和 210K 左右出现峰值，约为 9.5 J/(kg・K) 和 5.5 J/(kg・K)。同时，从图 4-5 中可以看出，0～2 T 磁场变化下，三个样品显示较小的磁熵变，这是因为 MnCoSi 的变磁性临界场一般高于 2.5 T 才可以驱动变磁性相变，因此 2 T 的磁场难以驱动相变，所以产生较小的磁热效应。

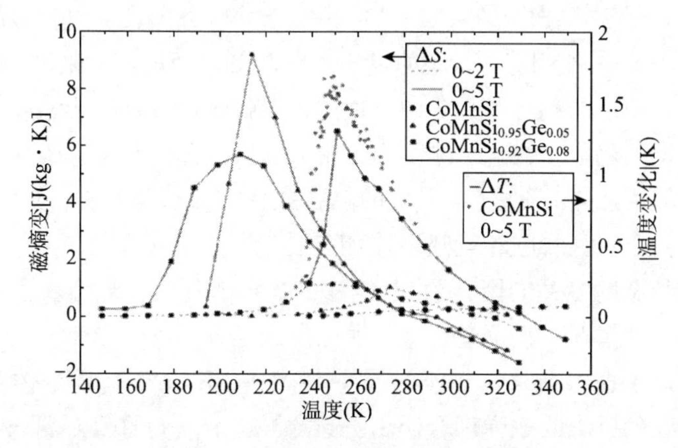

图 4-5　$MnCoSi_{1-x}Ge_x$ 合金的磁热效应

2008 年，Zhang 等[15] 报道了 MnCoSi 合金在 5 T 外磁场作用下发生 AFM-FM 相变，伴随着大磁电阻效应。在 245 K 下达到最大磁电阻率（−18.3%），在 85 K 下，最小磁电阻率也有 −5.5%，此外，在室温也有 −15.7% 的大磁电阻率（图 4-6）。

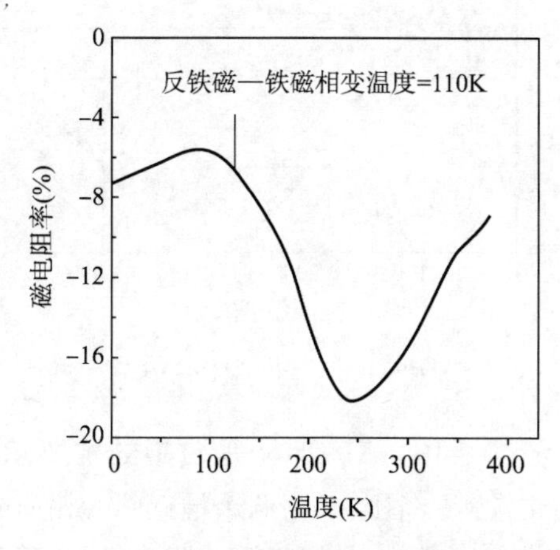

图 4-6　MnCoSi 合金的磁电阻效应

2010 年，Barcza 等[16]报道利用 HPRD 在 MnCoSi 和 $Co_{0.95}Ni_{0.05}MnSi$ 粉末中发现零场热膨胀效应（图 4-7）。对于 MnCoSi 样品，低于 T_N时，在 4.2～330 K 沿着 a 轴方向表现出明显的负热膨胀效应（NTE），a 轴收缩达到 0.7%。而沿着 b 轴、c 轴却表现出相反的趋势，是各向异性的正热膨胀，并且随着温度呈现出递增的趋势。在这个测量温区中，晶格对称性并没有改变。多晶的体膨胀可以通过 3 个轴的热膨胀叠加而获得。在 150 K 以下，由于负热膨胀和正热膨胀相互补偿，所以体积几乎无变化，类似与温度无关的因瓦效应。$Co_{0.95}Ni_{0.05}MnSi$ 合金粉末也表现出类似的情况，只不过负膨胀温区向低温方向移动了大约 70 K。出现以上这些结果，Barcza 等[16]认为是 MnCoSi 基合金体系内部存在的巨大的磁弹耦合作用引起的。这个巨大的磁弹耦合作用就是该合金体系的变磁性的起源。

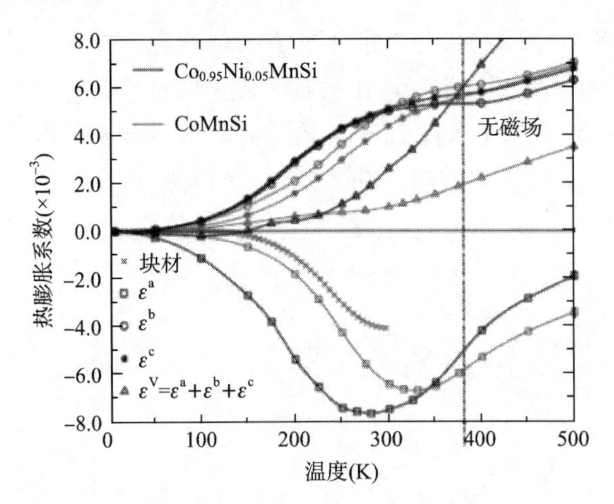

图 4-7　MnCoSi 和 $MnCo_{0.95}Ni_{0.05}Si$ 粉末零场热膨胀效应

在 MnCoSi 体系中，Mn 原子是磁矩的主要承载者[18,20,21]，决定着体系的磁性[22]。图 4-8 为两个最近邻 Mn-Mn 原子间距 d_1 和 d_2 随温度变化的关系。当温度低于 T_N时，体系处于 AFM 基态，随着温度的升高，d_1 和 d_2 发生相反方向的约 1% 和 2% 的变化，在某一温度区间发生交叉，而这一温度区间恰巧又是 a 轴负膨胀的温区，所以局域 Mn 原子间距的变化被认为是变磁性相变的前驱。基于密度泛函理论（DFT）计算的结果证实该体系的磁结构强烈依赖于 d_1 的大小[16]。正分 MnCoSi 合金的 d_1 大约是 0.308 nm，表现为反铁磁结构。驱动变磁性相变的临界场（H_{cr}）高达 2.5 T，这对于实际应用是非常不利的。因此，必须要降低 H_{cr}。由于 MnCoSi 合金的 AFM 有序和 FM 有序相互共存、相互竞争，并且 d_1 非常靠近铁磁区，所以任何的外界能量都有可能破坏反铁磁—铁磁竞争关系，从而导致 AFM-FM 相变，降低临界场。所以，通过调节 d_1 可以有效降低 H_{cr}。

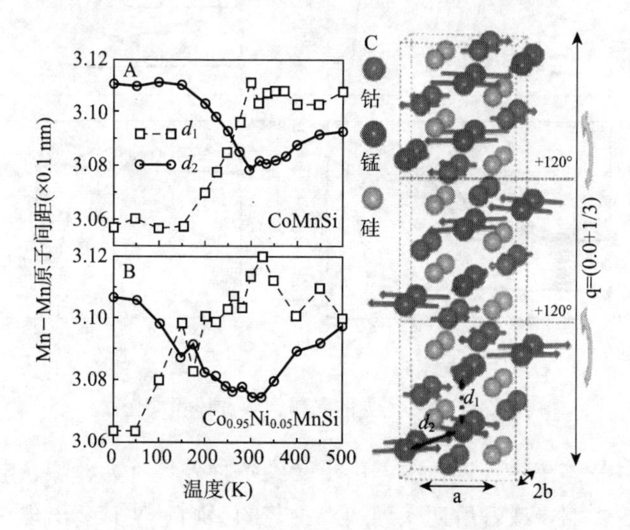

图 4-8　CoMnSi 基合金的 Mn-Mn 最近邻原子间距 d_1 和 d_2 随温度变化的关系

A. CoMnSi　B. $Co_{0.95}Ni_{0.05}MnSi$　C. AFM 基态下的 d_1 和 d_2 的分布关系

张成亮通过 Ni 替代 Co[23] 和 Ge 替代 Si[24]，南京大学龚元元采用引入 Si 缺分[22] 和 B 替代 Si[13]，Morrison 等[25] 采用 Fe 替代

Mn 等方法均可以有效降低 H_{cr}。

2013 年，Barcza 等[16]报道了多晶 MnCoSi 粉末在 0～6 T 磁场变化下，表现出 a 轴收缩，b、c 轴伸长的晶格畸变。并且在 300 K 时，宏观上表现出 0.2%的体积收缩（图 4-9），表明这类材料是潜在的磁致伸缩材料。但是对于一个无取向的多晶块材，其线度的变化约为体积变化的 1/3，在变磁性过程中只能产生约 6.67×10^{-4}的磁致伸缩值，远小于稀土巨磁致伸缩材料的磁致伸缩值。因此，有必要提高该材料的磁致伸缩效应。

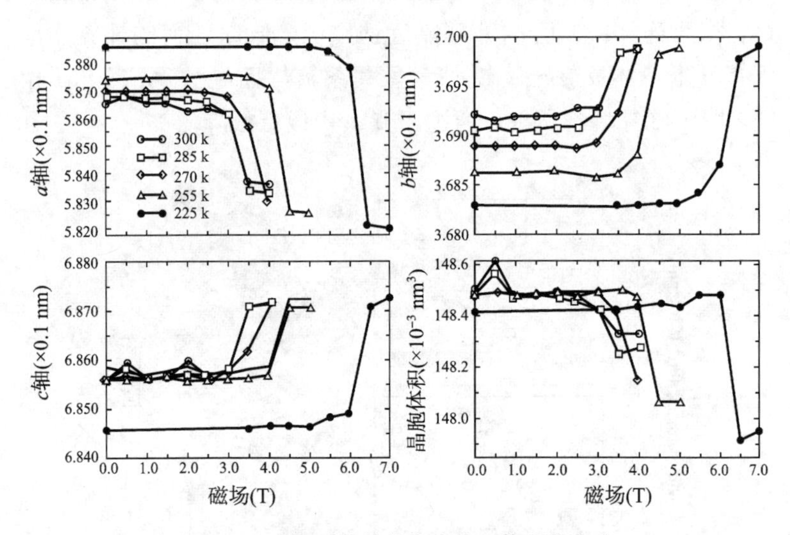

图 4-9　磁场诱导的晶格常数和体积的变化

多晶体在生长过程中，由于受到各种外界（力、热、电、磁等）的影响，或者后期受到加工工艺的影响，使其会出现一种奇特的现象，即各晶粒会沿着某些方向聚集排列，导致这些方向的取向性更好，这种现象称为择优取向，也被称为织构。它的出现会引起材料各向异性，在许多领域有重要应用。

织构可以显著增大磁性合金的磁致伸缩效应。比如，1988 年，Clack 等[26]报道了在外应力作用下的［112］取向的 Terfenol-D 的

大约 1×10^{-3} 的磁致伸缩值，比无取向的多晶样品（8×10^{-4}）大。2008 年，Zhou 等[27] 在块材［100］织构的 $Fe_{81}Ga_{19}$ 中获得 8.3×10^{-4} 的大磁致伸缩值，是无取向多晶块材的磁致伸缩的 2 倍。2009 年，刘剑等[11] 在织构的 Ni-Mn-Co-In 块材中获得各向异性的大磁致应变效应。2016 年，Gaitzsch 等[28] 报道了在织构的 Ni-Mn-Ga 多晶中获得了 1%的磁致应变。

对于正分 MnCoSi 合金来说，其在电弧熔炼后随炉冷却过程中，在 1 190 K 发生一个从六角 Ni_2In 型奥氏体到正交 TiNiSi 型马氏体的结构相变，伴随着巨大的应力输出导致样品碎裂[29]，所以为了能够获得有织构并且致密的样品，人们尝试用磁退火或者定向凝固方法去制备样品，但是都没有成功。这是由 MnCoSi 本质决定的。首先，该材料磁有序温度低（大约 380 K），磁退火无法应用。然后，由于马氏体相变剧烈，导致体积急剧膨胀，引起刚玉管破裂，定向凝固无法进行。

近年来，随着科技的发展，强磁场作为一种极端场，吸引广大学者的关注。强磁场可达到 10 T 以上，能无接触地将高强度能量传递到原子尺寸，从而改变物质的原子序列、匹配以及迁移等行为，极大影响材料的组织和性能。对于材料制备而言，强磁场主要有两大作用：①取向；②控制流体流动。表明强磁场可以通过控制晶体生长、取向等方式，来实现对材料组织的控制，得到兼具物理性能和机械性能的新功能材料。目前，对 MnCoSi 这个体系，只有利用强磁场凝固并且缓慢冷却才可以获得织构而致密的样品。这是因为，首先，当合金处在半熔融状态时，有助于晶粒取向。所以，必须要求非常高的热处理温度[30,31]。其次，如果顺磁各向异性能大于热运动能，高磁场可以诱导颗粒的排列[30]。最后，来自结构相变的应变可以通过足够慢的降温速率缓慢释放出来，不会引起样品碎裂。龚元元[20] 报道了通过强磁场凝固缓慢冷却的方法获得了有织构并且致密的

$MnCoSi_{1-x}$（x=0，0.01，0.02）合金，在室温下获得了大的可逆的磁致伸缩效应。同时，T_{tri}已经从 300 K 调节到 260 K，H_{cr}也从 2.5 T 降低到 1.3 T[22]。虽然，H_{cr}已经降了不少，但是比一般的永磁体的磁场要大。所以，H_{cr}还需要进一步降低。Barcza 等[16]通过引入 Fe 或 Ni 元素替代会形成一个倾斜的 FM 结构，增大磁化率，降低 H_{cr}。此外，引入 Mn 缺分可以直接导致最近邻 Mn-Mn 间距 d_1的变化，起到调节 H_{cr}的作用。

本章内容主要是通过强磁场凝固并缓慢冷却的方法制备了 $Mn_{0.97}Fe_{0.03}CoSi$ 和 $Mn_{0.88}CoSi$ 两个合金样品，可以明显观察到这两个样品的三相点 T_{tri}均调节到 300 K 以下。并且这两个样品的 H_{cr}也降低到了 1 T 以下。尤其是 $Mn_{0.88}CoSi$ 这两个样品，H_{cr}更是降到了 0.5 T。由此可以证明，笔者获得了室温低场大的可逆的磁致伸缩效应。

4.2 材料制备与表征

通过电弧熔炼制备出 $Mn_{0.88}CoSi$ 和 $Mn_{0.97}Fe_{0.03}CoSi$ 两个多晶样品。以高纯氩气充当保护气体。所用原料都是 99.99%的高纯单质。为保证合金均匀化，每一个样品均反复熔炼 3～4 次。随后，将熔炼后的铸锭敲碎放入石英玻璃管中，抽真空封存。因为该类合金的马氏体相变发生在 1190 K，在熔炼结束随炉冷却过程中，会发生剧烈的结构相变，带来巨大的负膨胀效应，引起石英管碎裂。所以，需要将这个封好的石英管放入更大一点的石英管中，再次抽真空封存。封好的双层管放入高温炉中加热到 1500 K（合金熔点在 1473 K 左右），保温 30 min。然后施加 6 T 的强磁场，以 1.5 K/min 的速率缓慢降温到 1123 K，撤去磁场，自然冷却到室温。为了消除残余应力，强磁场凝固后的样品还需要在 1123 K 退火 60 h，然后经过 72 h 缓慢冷却到室温。

通过粉末 XRD 数据，利用卢瑟福结构精修来确认样品的晶体结构和晶格常数。利用 XRD 极图确认样品的取向。通过 VSM、SQUID 测量样品的磁性。利用应变片方法在 PPMS 上测量磁致伸缩效应。

4.3　结果与讨论

4.3.1　XRD 结构分析

图 4-10 为 $Mn_{0.97}Fe_{0.03}CoSi$ 和 $Mn_{0.88}CoSi$ 的粉末样品在室温下的 XRD 图谱。从图中可以看出，与粉末 MnCoSi 样品对比，XRD 图谱相同，说明在室温下这两个样品均是单一的正交 TiNiSi 相，没有其他相存在。

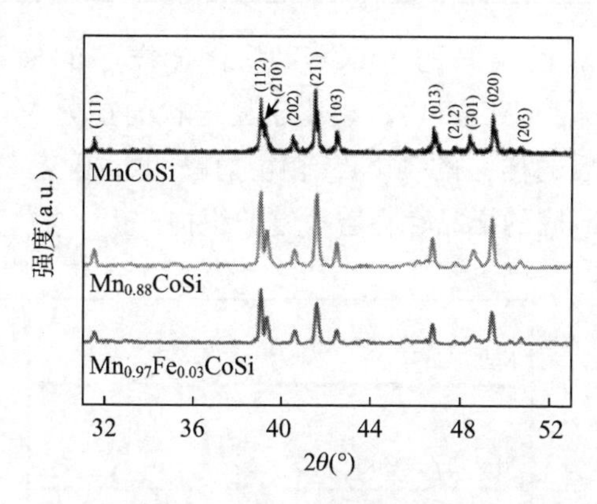

图 4-10　MnCoSi 基合金粉末室温 XRD 图谱

表 4-1 是根据室温粉末 XRD 的数据，通过卢瑟福结构精修得到的两个样品的晶格常数 a、b 和 c，以及晶胞体积 V，Mn-Mn 原子间最近邻间距 d_1 和 d_2。从中可以看出，相比于正分 MnCoSi 合金，两个样品的晶格常数 a 均减小，b 和 c 均增大。晶胞体积 V 均减小。d_1 均增大，d_2 均减小。如前所述，d_1 大小

决定了体系的磁性变化，其增大会导致临界场的降低[32]。所以，两个样品的临界场均有所降低。为了说明数据可信，以结构精修常用参数 R_{wp} 作为判据，一般认为，$R_{wp}<10\%$，精修结果是可信的。两个样品的精修参数 R_{wp} 均在 3%以下，说明数据非常接近试验值，相当可靠。

表 4-1　通过室温 XRD 精修得到的 MnCoSi 基合金的晶格常数 *a*、*b* 和 *c*，晶胞体积 V 以及 Mn-Mn 原子间最近邻距离 d_1 和 d_2

样品	a (×0.1nm)	b (×0.1nm)	c (×0.1nm)	V ($\times10^{-3}$nm^3)	d_1 (×0.1nm)	d_2 (×0.1nm)	R_{wp} (%)
MnCoSi[10]	5.8651	3.6872	6.8533	148.21	3.089	3.087	3.33
$Mn_{0.97}Fe_{0.03}CoSi$	5.8488	3.6922	6.8596	148.13	3.128	3.070	2.10
$Mn_{0.88}CoSi$	5.8437	3.6886	6.8564	147.79	3.110	3.072	1.94

选取强磁场取向的 MnCoSi 基合金样品的横截面，进行 XRD 结构分析（图 4-11）。相比于粉末状的正分 MnCoSi 样品，强磁场凝固后的样品的 TiNiSi 相衍射峰明显减少。说明平行于强磁场方向凝固的样品存在着一定的织构。

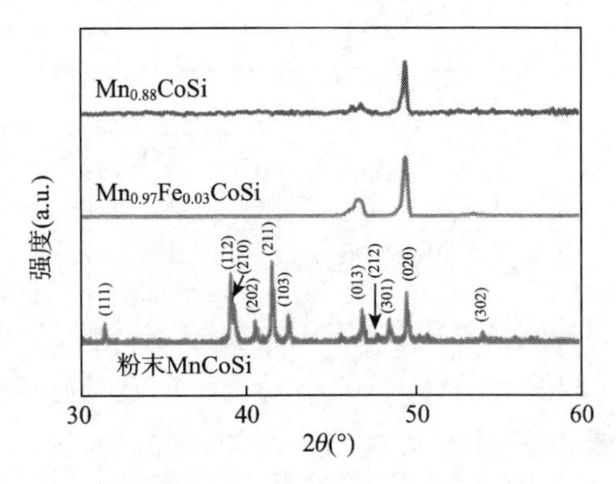

图 4-11　强磁场凝固后的 MnCoSi 基合金在室温下的 XRD 图谱

4.3.2　极图

通过配有欧拉环的 XRD 衍射仪，可以得到样品的极图，用于分析样品的织构[33]。极图是多晶体晶面族的晶面法线在空间分布的极射赤面投影图，即将晶体中各（hkl）晶面法线与参考球面的交点投影到赤道平面（对应于试样的某一特征面，即表面）上构成的二维图像[34]。根据极密度的高低可以算出赤面投影后的极图密度分布，再根据具体情况绘出等极密度线，即可制成极图。如果多晶体内不存在织构，那么极密度在整个球面是均匀分布的。反之，如果极密度在极图上分布不均匀，有些地方极密度值会比较高，表明存在织构。一个样品可以用几种不同的晶面分别做出几个极图(图 4-12)，即强磁场凝固后的 MnCoSi 基合金两个样品的极图。

对于极图来说，一般选取样品平面作为参考面，平行于平面的两个相互垂直的方向定义为 x 轴和 y 轴，垂直于平面的方向为 z 轴。从图 4-12 可以看出，两个样品的（001）晶面法线的投影，均在其正中心处，并且等极线最为密集，预示着这两个样品均具有［001］织构。笔者观察到，$Mn_{0.88}CoSi$ 这个样品（001）晶面法线的等极线最密，表明该材料具有单一的［001］织构。

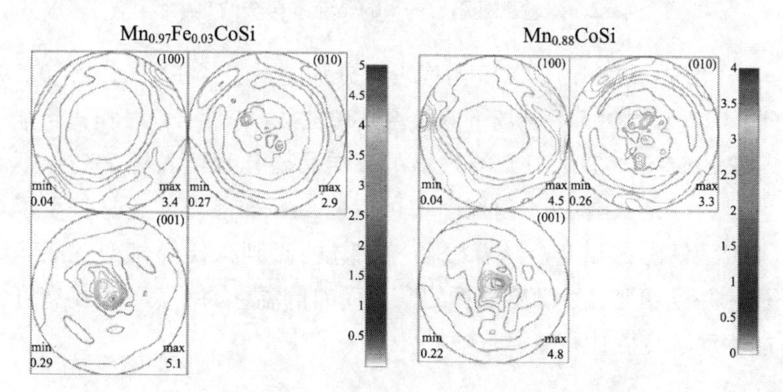

图 4-12　强磁场凝固后的 MnCoSi 基合金在室温下的极图

4.3.3 热磁曲线

图 4-13 为强磁场凝固后的 MnCoSi 基合金升温过程中的热磁曲线，磁场为 0.1 T，温度测量范围为 120～350 K。对于 $Mn_{0.98}Ni_{0.02}CoSi$ 样品，其在升温过程中，磁化强度样品表现出类似的行为。以 $Mn_{0.97}Ni_{0.03}CoSi$ 样品为例，其在低温下处于散铁磁态，随着温度的升高，磁化强度也随之缓慢增加。升高温度到某一临界温度时，磁化强度突然升高，说明是温度诱导的从弱磁态到铁磁态的相变。

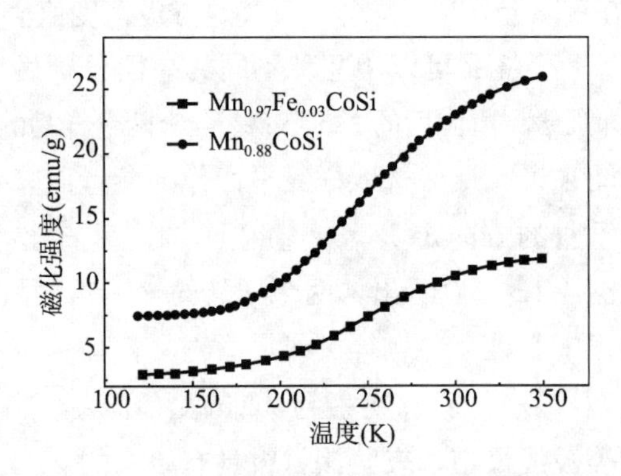

图 4-13 强磁场凝固后的 MnCoSi 基合金的热磁曲线

此外，以 $Mn_{0.88}CoSi$ 为代表，分别测量了其在 0.01 T、0.1 T、0.2 T 和 0.5 T 磁场下的升温热磁曲线（图 4-14）。相比几个较大的磁场，在 0.01T 的磁场下，样品磁化强度随温度变化不明显，但是从图 4-14 内插图中可以看到，样品内部还是发生了弱磁到铁磁的相变。随着磁场增加，弱磁到铁磁的相变逐渐明显，并且相变温度随着磁场的升高而向低温移动，表明磁场有可能驱动了变磁性相变。

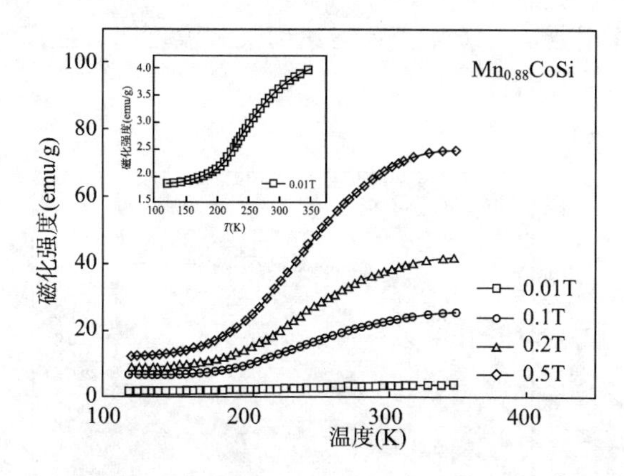

图 4-14　强磁场凝固后的 $Mn_{0.88}CoSi$ 合金在不同磁场下的热磁曲线

4.3.4　等温磁化曲线

图 4-15 给出了强磁场凝固后的 $Mn_{0.97}Fe_{0.03}CoSi$ 以及 $Mn_{0.88}CoSi$ 合金在相变温度附近升场、降场过程中的等温磁化曲线，磁场变化为 0～5 T，温度为 150～300K。

图 4-15A 为 $Mn_{0.97}Fe_{0.03}CoSi$ 合金的等温磁化曲线。它与 $Mn_{0.98}Ni_{0.02}CoSi$ 合金类似，在低温 150 K 时，随着磁场增大或减小，磁化强度表现出线性增加或降低，是典型的 AFM 相。随着温度升高，在升场/降场过程中表现出变磁性行为。最终在 290 K 时，变磁性行为消失，样品呈现出 FM 相。

图 4-15B 为 $Mn_{0.88}CoSi$ 合金的等温磁化曲线，在 150 K 时，磁场已经驱动 AFM-FM 的相变，但是磁化强度在 5 T 外磁场下并没有完全饱和，说明磁场还没有完全驱动变磁性相变。随着温度升高，临界场逐渐降低，当温度达到 280 K 时，已经观察不到变磁性相变，样品处于 FM 相。

从图 4-15 中可以看出，对于这两个样品在升场、降场过程中，当低于某一温度时，均存在一定的磁滞，说明磁场驱动的

AFM-FM 相变是一级相变；当达到某一温度时，磁滞消失，表现出二级相变的特征。

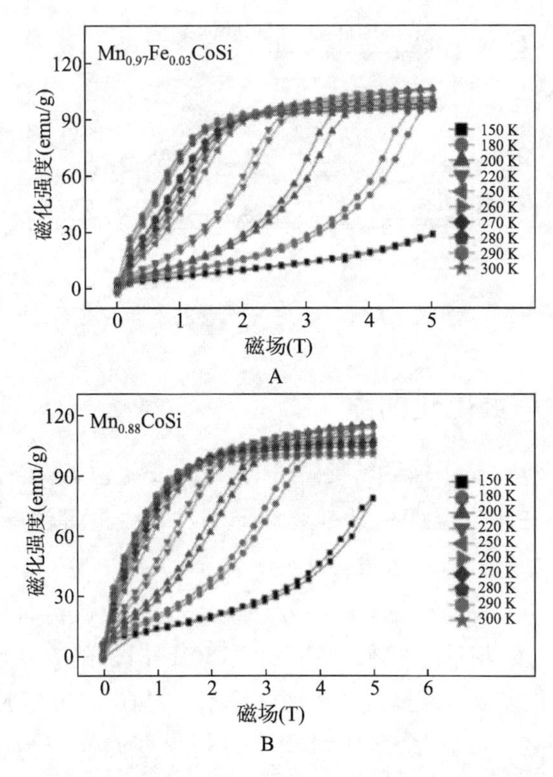

图 4-15　强磁场凝固后的 MnCoSi 基合金的等温磁化曲线

图 4-16 为强磁场凝固后的 MnCoSi 基合金的变磁性临界场随温度变化的关系。这里定义变磁性相变的临界场为其饱和磁化强度 50％所对应的外磁场，$H_{cr}\uparrow$ 和 $H_{cr}\downarrow$ 分别表示升磁场过程和降磁场过程中的临界场[18]。从图 4-16 中可以看出，与正分的 MnCoSi 合金[20]比较，两个样品的 H_{cr} 随着温度的增加，均在降低。$Mn_{0.97}Fe_{0.03}CoSi$ 和 $Mn_{0.88}CoSi$ 这两个样品的临界场 H_{cr} 在

300 K 时均降到了 1 T 以下。从图 4-16 中可以观察到，$Mn_{0.97}Fe_{0.03}CoSi$ 和 $Mn_{0.88}CoSi$ 合金这两个样品均存在三相点，分别是 290 K 和 280 K。当温度低于三相点温度时，H_{cr}↑和 H_{cr}↓不重合，存在磁滞，是一级变磁性相变；在三相点温度 T_{tri} 以上，H_{cr}↑和 H_{cr}↓重合，磁滞消失，是二级变磁性相变。结合前面提到的 Mn-Mn 间距 d_1 的增大，这说明 Fe 元素的掺杂以及 Mn 元素的缺分增强了铁磁性耦合，会导致临界场的降低。

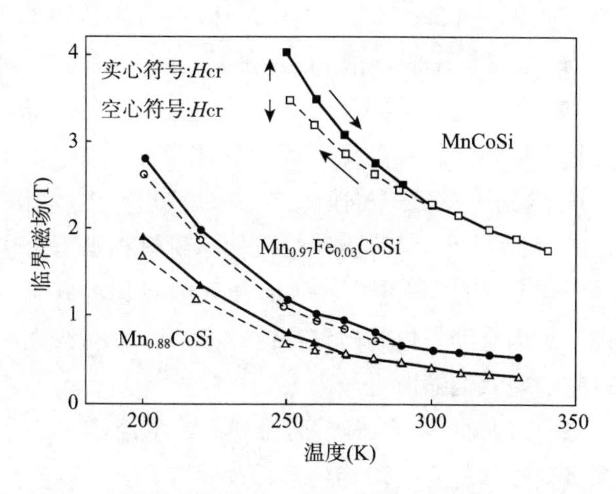

图 4-16　强磁场凝固后的 MnCoSi 基合金的变磁性临界场随温度变化的关系

4.3.5　磁致伸缩曲线

图 4-17 为强磁场凝固后的 $Mn_{0.97}Fe_{0.03}CoSi$ 和 $Mn_{0.88}CoSi$ 合金的磁致伸缩曲线。磁场变化为 0～3.1 T，测量温度范围为 260～300 K。测量时磁场方向平行于织构方向。$\lambda_{//}$ 和 $\lambda_{\perp}$ 分别表示测量方向平行于织构和垂直于织构的磁致伸缩。

从图 4-17 可以看到，在升场过程中，当磁场增加到一定临界值时，$Mn_{0.97}Fe_{0.03}CoSi$ 合金磁致伸缩值突然增大，然后趋于饱和，类似该材料的等温磁化曲线，说明了该磁致伸缩效应来自磁场诱导的变磁性相变。由于存在织构，所以$\lambda_{//}$和$\lambda_{\perp}$表现出各向异性的特征。但是其升场、降场过程中的滞很小，说明发生的是弱一级相变。在290 K，转变为二级相变。在260 K，最大磁致伸缩值分别达到1.3×10^{-3}（$\lambda_{//}$）和1.8×10^{-3}（$\lambda_{\perp}$）。在300 K时，$\lambda_{//}$和$\lambda_{\perp}$最大值分别达到7×10^{-4}和1.1×10^{-3}，临界场也降到了0.5 T左右。

从$Mn_{0.88}CoSi$合金在平行织构方向和垂直于织构方向的磁致伸缩曲线看出，在260 K，其饱和$\lambda_{//}$和$\lambda_{\perp}$分别达到了2×10^{-3}和4×10^{-3}；在300 K时，饱和$\lambda_{//}$和$\lambda_{\perp}$也有9×10^{-4}和2.2×10^{-3}。在300 K时的临界场只有0.5 T左右，达到了笔者的要求：既要临界场降低，又要保证磁致伸缩值比较大。并且，300 K时，1 T磁场下的磁致伸缩值也有6.3×10^{-4}（$\lambda_{//}$）和1.16×10^{-3}（$\lambda_{\perp}$），可与RFe_2等稀土巨磁致伸缩材料相媲美。说明Mn缺分，会引起d_1的显著变化，从而导致临界场的降低。此外，如前所述，织构有助于提高磁致伸缩效应，因为这个样品取向最好，所以它的磁致伸缩值也最大。

对于以上这两个MnCoSi基合金样品，不论是一级变磁性相变还是二级变磁性相变，均伴随着磁致伸缩效应。笔者更倾向于由二级相变引起的磁致伸缩效应，因为其完全可逆，这有利于实际应用。

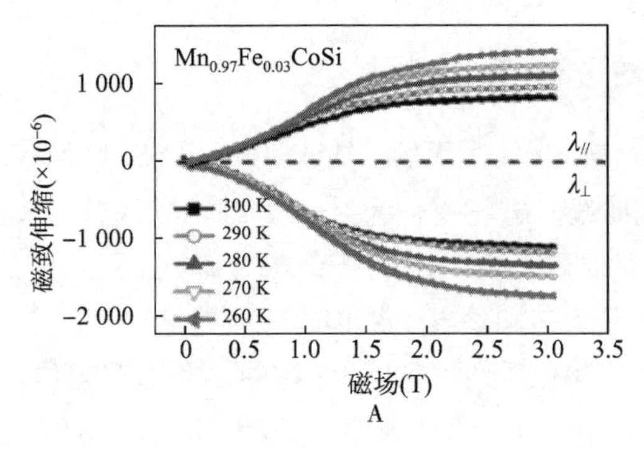

A

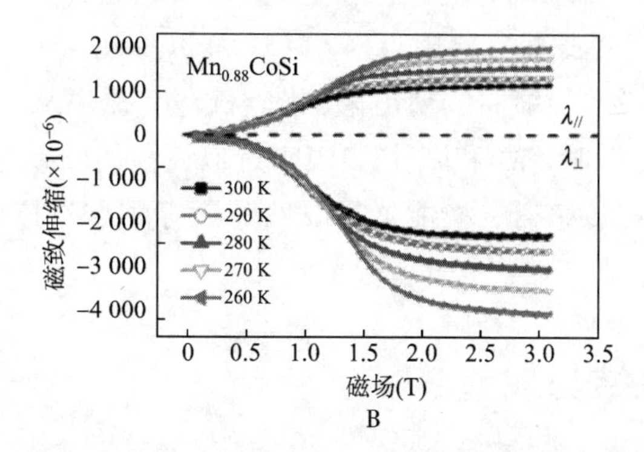

图 4-17　强磁场凝固后的 MnCoSi 基合金的磁致伸缩曲线

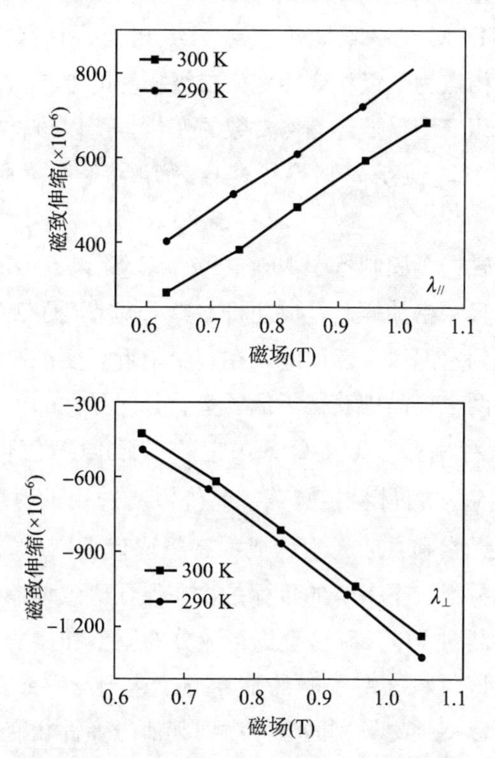

图 4-18　强磁场凝固后的 $Mn_{0.88}CoSi$ 合金在低场下的线性磁致伸缩效应

此外，单独将室温附近（290 K 和 300 K）$Mn_{0.88}CoSi$ 合金的低场磁致伸缩曲线列出来（图 4-18），磁场从 0.63 T 变化到 1.15 T 时，$\lambda_{//}$ 和 $\lambda_{\perp}$ 均表现出近似线性的磁致伸缩行为，这一特性在传感器、换能器、线性马达等领域有广泛的应用价值。

4.4 总结与展望

对于正分 MnCoSi 合金，当温度低于 T_N 时，较大的磁场才能驱动 AFM-FM 的一级相变或者二级相变。它存在一个三相点，这个三相点为一级相变转变为二级相变的临界点温度。两个磁驱变磁性相变均伴随着晶格常数的变化，所以该材料是潜在的磁致伸缩材料。但是高临界场、容易碎裂等因素阻碍了实际应用。

通过强磁场凝固制备了 $Mn_{0.97}Fe_{0.03}CoSi$ 以及 $Mn_{0.88}CoSi$ 两个有织构并且致密的样品，成功将临界场调节到了 1 T 以下，三相点也被调到室温以下。因此，在室温附近，变磁性相变为二级相变。在这两个样品中获得了低场室温各向异性的可逆的大磁致伸缩效应。特别是 $Mn_{0.88}CoSi$，它的磁致伸缩值可与传统的 RFe_2 基巨磁致伸缩材料相媲美。此外，所选用的材料是由低成本的过渡族元素和主族元素构成，有望取代 RFe_2 基合金成为新型磁致伸缩材料。下一步的目标是，在保证磁致伸缩值不减小的情况下，不断对 MnCoSi 合金进行成分的调整和掺杂研究，希望进一步降低该材料在室温时的临界场，达到与 Terfonl-D 接近。此外，还可以将强磁场凝固法推广到其他磁弹性相变合金中，比如，$LaFe_{13-x}Si_x$ 等，应用强磁场凝固法获得有织构的块材样品，提高其磁致伸缩效应。

参考文献

［1］ Olabi A G，Grunwald A. Design and application of magnetostrictive materials ［J］. Materials and Design，2008，29：469-483.

［2］ Claeyssen F，Lhermet N，Le Letty R，et al. Actuators，transducers and motors based on giant magnetostrictive materials ［J］. Journal of Alloys and Compounds，1997，258：61-73.

［3］ Clark A E. Magnetic and magnetoelastic properties of highly magnetostrictive rare earth-iron Laves phase compounds ［J］. AIP Conf Proc，1974，18：1015-1029.

［4］ Abbundi R，Clark A E. Low temperature magnetization and magnetostriction of single crystal $TmFe_2$ ［J］. Journal of Applied Physics，1978，49 (3)：1969-1971.

［5］ Clark A E，Hathaway K B，Wun-Fogle M，et al. Extraordinary magnetoelasticity and lattice softening in bcc Fe-Ga alloys ［J］. Journal of Applied Physics，2003，93 (10)：8621-8623.

［6］ Ullakko K，Huang J K，Kantner C，et al. Large magnetic-field-induced strains in Ni_2MnGa single crystals ［J］. Applied Physics Letters，1996，69 (13)：1966-1968.

［7］ O'Handley R C. Model for strain and magnetization in magnetic shape-memory alloys ［J］. Journal of Applied Physics，1998，83 (6)：3263-3270.

［8］ Jiang C B，Wang J M，Xu H B. Temperature dependence of the giant magnetostrain in a NiMnGa magnetic shape memory alloy ［J］. Applied Physics Letters，2005，86 (25)：252508.

［9］ Sozinov A，Likhachev A A，Lanska N，et al. Giant magnetic-field-induced strain in NiMnGa seven-layered martensitic phase ［J］. Applied Physics Letters，2002，80 (10)：1746-1748.

［10］ Morellon L，Algarabel P A，Ibarra M R，et al. Magnetic-field-induced structural phase transition in $Gd_5Si_{1.8}Ge_{2.2}$ [J]. Physics Review B，1998，58 (22)：R14721-R14724.

[11] Liu J，Aksoy S，Scheerbaum N，et al. Large magnetostrain in polycrystalline Ni-Mn-In-Co [J]. Applied Physics Letters，2009，95 (23)：232515.

[12] Fujieda S，Fujita A，Fukamichi K，et al. Giant isotropic magnetostriction of itinerant-electron metamagnetic La $(Fe_{0.88}Si_{0.12})_{13}H_y$ compounds [J]. Applied Physics Letters，2001，79 (5)：653-655.

[13] Gong Y Y，Liu J，Xu G Z，et al. Large reversible magnetostriction in B-substituted MnCoSi alloy at room temperature [J]. Scripta Materialia，2017，127：165-168.

[14] Sandeman K G，Daou R，Özcan S，et al. Negative magnetocaloric effect from highly sensitive metamagnetism in $CoMnSi_{1-x}Ge_x$ [J]. Physics Review B，2006，74 (22)：224436.

[15] Zhang Q，Li W F，Sun N K，et al. Large magnetoresistance over an entire region from 5 to 380 K in double helical CoMnSi compound [J]. Journal of Physics D：Applied Physics，2008，41：125001.

[16] Barcza A，GercsicZ，Michor H，et al. Magnetoelastic coupling and competing entropy changes in substituted CoMnSi metamagnets [J]. Physics Review B，2013，87 (6)：064410.

[17] Barcza A，Gercsi Z，Knight K S，et al. Giant magnetoelastic coupling in a metallic helical metamagnet [J]. Physics Review Letters，2010，104 (24)：247202.

[18] 龚元元．磁相变合金的磁致伸缩和磁热效应 [D]. 南京：南京大学，2015.

[19] 张成亮．Mn 基合金中的磁性相变及其相关物理性质 [D]. 南京：南京大学，2010.

[20] 刘恩克．Ni_2In 型六角 Mn（Co，Ni）Ge 体系磁性马氏体相变研究 [D]. 北京：中国科学院，2012.

[21] Niziol S，Binczycka H，Szytuła A，et al. Structure magnhtique des MnCoSi [J]. Physica Status Solidi A，1978，45：591-597.

[22] Gong Y Y，Wang D H，Cao Q Q，et al. Textured，dense and giant magnetostrictive alloy from fissile polycrystal [J]. Acta Materialia，2015，98：113-118.

[23] Zhang C L，Zheng Y X，Xuan H C，et al. Large and highly reversible magnetic field-induced strains in textured $Co_{1-x}Ni_xMnSi$ alloys at room temperature [J]. Journal of Physics (Condensed Matter)，2011，44 (5)：135003.

[24] Zhang C L，Wang D H，Cao Q Q，et al. Large magnetoresistance in metamagnetic $CoMnSi_{0.88}Ge_{0.12}$ alloy [J]. Chinese Physics B，2010，19 (3)：037501.

[25] Morrison K，Miyoshi Y，Moore J D，et al. Measurement of the magnetocaloric properties of $CoMn_{0.95}Fe_{0.05}Si$：large change with Fe substitution [J]. Physics Review B，2008，78 (13)：134418.

[26] Clark A E，Teter J P，McMasters O D. Magnetostriction " jumps" in twinned $Tb_{0.3}Dy_{0.7}Fe_{1.9}$ [J]. Journal of Applied Physics，1988，63 (8)：3910-3912.

[27] Zhou J K，Lia J G. An approach to the bulk textured $Fe_{81}Ga_{19}$ rods with large magnetostriction [J]. Applied Physics Letters，2008，92 (14)：141915.

[28] Gaitzsch U，Pötschke M，Roth S，et al. A 1% magnetostrain in polycrystalline 5M Ni-Mn-Ga [J]. Acta Materialia，2009，57：365-370.

[29] Johnson V. Diffusionless orthorhombic to hexagonal transitions in ternary silicides and germanides [J]. Inorganic Chemistry，1975，14 (5)：1117-1120.

[30] de Rango P，Lees M，Lejay P，et al. Texturing of magnetic materials at high temperature by solidification in a magnetic field [J]. Nature，1991，349：770-772.

[31] Wang Q，Liu Y，Liu T，et al. Magnetostriction of $TbFe_2$-based alloy treated in a semi-solid state with a high magnetic field [J]. Applied Physics Letters，2012，101 (13)：132406.

[32] Staunton J B, dos Santos Dias M, Peace J, et al. Tuning the metamagnetism of an antiferromagnetic metal [J]. Physics Review B, 2013, 87 (6): 060404 (R).
[33] 李树棠. 晶体X射线衍射学基础 [M]. 北京：冶金工业出版社，1996.
[34] Bunge H J. Texture analysis in materials science [M]. London: Butterworths, 1982.

第5章 电场调控$FeRh_{0.96}Pd_{0.04}$/PMN-PT异质结构的磁热效应

5.1 引言

电控磁效应也被称为逆磁电效应（CME），可以同时满足器件小型化、多功能化和低功耗的要求，在传感器、磁存储器件、自旋电子学等领域有着广泛的应用前景[1-4]，是人们竞相研究的热门课题之一。电控磁效应主要出现在单相多铁和复相多铁材料中。由于单相多铁材料存在着有序温度低，磁电耦合弱等缺陷，这些阻碍了它的实际应用[1,5-10]。而复相多铁材料在材料的选择和设计上更具灵活性，所以更容易实现大的磁电耦合效应，在应用上更具优势[4,11]。所以，研究复相多铁材料的电控磁效应居多。复相多铁材料中磁电耦合的物理机制主要可以分为三类[12]，即应力耦合机制、交换偏置耦合机制和界面电荷耦合机制。目前，研究最多的是以应力传导为媒介的磁电耦合，即铁电材料在外加电压下产生应力，应力通过两相之间的界面传递给铁磁材料，使其磁性发生变化[13-17]。目前，电控磁研究主要集中在电控矫顽力、电控自旋翻转、电控畴壁移动、电控磁晶各向异性和电控交换偏置等方面。近年来，随着人们环保意识的增强，以磁性材料的磁热效应为基础的磁制冷技术，因其具有绿色、环保、高效等优点而有望取代传统的空气压缩制冷。但是，因为磁制冷工质主要是磁相变材料，不可避免地存在着制冷温区狭窄，这一点极大限制了它的应用。针对这一问题，南京大学王敦辉教授课题组首先提出利用电场调控磁热效应扩大有效制冷温区，并且已经初步取得一些成果。近几年，随着科技的发展，微纳电子器件更趋向集成化和精密化，所以工业上对微纳尺度的制冷需求日益增大。制冷材料的薄膜化已成为固态制冷研究的一个重要方向。

在某些一级磁相变体系中，应力被认为是除磁场和温度以外的另一种驱动力，因此在相变发生时也会引起磁化强度的突变[18-24]。根据这一特征，复相多铁材料可以选择具有一级磁相变的材料作为铁磁材料，很有希望获得大 CME 效应[25-28]。Ni-Mn-X（X＝In，Sn，Sb）铁磁形状记忆合金是典型的一级磁结构相变合金，表现出巨磁热效应，并且对应力非常敏感。笔者课题组对这类合金的电控磁效应做了深入的研究。2009 年，陈水源[24]在由 $Ni_{43}Mn_{41}Co_{5}Sn_{11}$ 条带和压电单晶 $Pb(Zr_{1-x}Ti_{x})O_{3}$（PZT）组成的复相多铁材料中，获得室温大 CME 效应（图 5-1）。2011 年，陈水源[29]又在 Ni-Mn-Co-Sn/（$1-x$）$Pb(Mg_{1/3}Nb_{2/3})O_{3}-xPbTiO_{3}$（PMN-PT）复相多铁材料实现电场调控磁化强度的变化。2015 年，杨艳婷[30]在 $Mn_{50}Ni_{40}Sn_{10}$ 条带与 PMN-PT 压电单晶组成的复相多铁材料中获得了电场调控交换偏置效应。2015 年，龚元元[25]在 $Ni_{44}Co_{5.2}Mn_{36.7}In_{14.1}$/PMN-PT 层状复相多铁材料中，施加电场后（图 5-2），$Ni_{44}Co_{5.2}Mn_{36.7}In_{14.1}$一级磁结构相变温度在升温和降温过程中分别移动了 2 K 和 7 K；热滞、磁滞明显降低，$Ni_{44}Co_{5.2}Mn_{36.7}In_{14.1}$的工作温区得到拓宽，实现了电控磁热效应。此外，2016 年，王传聪[31]在 $LaFe_{11.4}Si_{1.6}H_{1.5}$/PMN-PT 复相多铁材料中也成功实现了电控磁热效应。

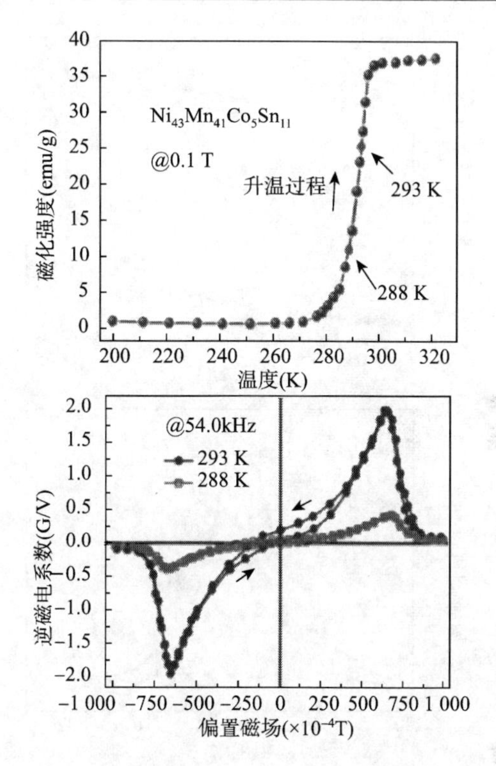

图 5-1　复相多铁材料 $Ni_{43}Mn_{41}Co_5Sn_{11}$ / PZT 在磁结构相变温度附近的 CME 效应

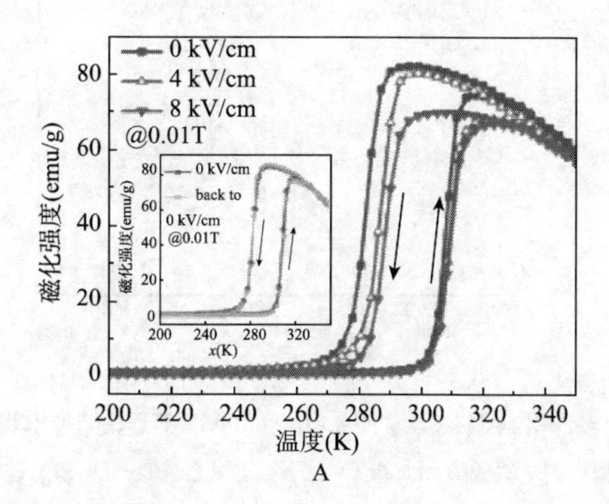

A

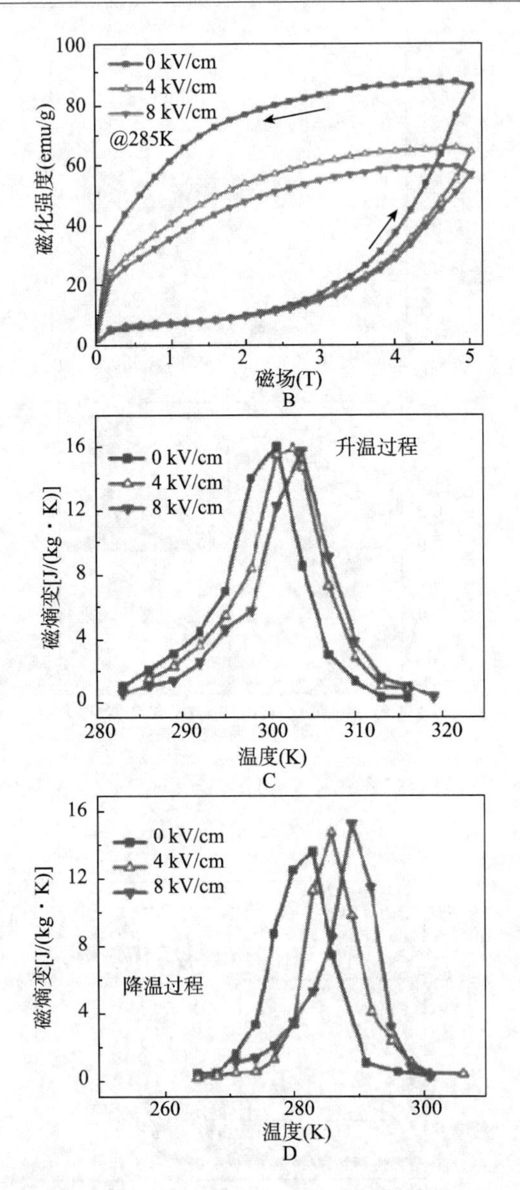

图 5-2 复相多铁材料 $Ni_{44}Co_{5.2}Mn_{36.7}In_{14.1}$/PMN-PT 在施加电场前后的变化

A. 热磁曲线 B. 等温磁化曲线 C. 升温过程磁熵变 D. 降温过程磁熵变

由于多元合金的磁相变特性对元素成分非常敏感，所以这类合金薄膜的生长较为困难。上述提到的层状复相多铁材料均是由磁相变合金条带与压电单晶衬底通过环氧树脂黏结获得，虽然可以获得较大的磁电效应，但是它存在着两个缺陷：一是环氧树脂吸收了不少应力，降低了应力的传递；二是这类多铁异质结构体积较大，不利于器件小型化。这些因素严重阻碍了实际应用。人们利用磁控溅射或者脉冲激光沉积法制备出铁磁薄膜/铁电单晶异质结构，直接避免了上述问题，通过施加电场到铁电衬底上，衬底产生的应力可以直接传递给铁磁薄膜。比如，Sahoo 等[32]将 Fe 膜通过磁控溅射到 BTO 铁电单晶衬底上，构建出 Fe/Ba-TiO_3（BTO）多铁异质结构，施加电场到 BTO 衬底上，导致 BTO 铁电畴翻转和结构相变，从而产生较大的应变并传递给 Fe 膜，引起其磁化强度的变化。此外，人们还构建了 Ni/BTO[33,34]、$La_{1-x}Sr_xMnO_3$/BTO[35-37]、$La_{1-x}Sr_xMnO_3$/PMN-PT[38,39]、$La_{1-x}Ca_xMnO_3$/PMN-PT[14]、$La_{0.7}Ca_{0.15}Sr_{0.15}MnO_3$/PMN-PT[40]、$La_{1-x}Ba_xMnO_3$/PMN-PT[41]、$Pr_{1-x}Ca_xMnO_3$/PMN-PT[42]、Co-Fe-B/PMN-PT[42]、Fe_3O_4/PMN-PT[43]等多种以应力传递为媒介的磁电异质结构，并在其中实现了 CME 效应。

在上述工作的基础上，希望在室温附近于磁电薄膜异质结构上实现电控磁热效应，这对于调控制冷温区，实现器件小型化具有意义重大。对于磁电异质结构的铁磁层笔者选用一级磁相变合金薄膜，但是作为磁热材料，它需要满足以下几个条件：①磁热效应比较大；②磁热效应发生在室温附近；③对应力非常敏感。除了 Ni-Mn 基铁磁形状记忆合金表现出巨磁热效应[44,45]之外，还有 $LaFe_{13-x}Si_x$[46,47]、Mn-Fe-P-As[48,49]、$Gd_5Si_{2-x}Ge_x$[50,51]、MM′X合金[52-57]等一些一级磁相变材料，也在室温附近表现出巨大的磁热效应。但是，对于制备合金薄膜而言，含有的元素越多越难成相，所以首选的磁相变薄膜为二元相变合金薄膜。

5.1.1 Fe-Rh 合金简介

从 1938 年 Fallot[58]首次发现 Fe-Rh 合金具有变磁性相变到现在，人们一直对它相变的物理机制存有争议[59-64]，但是这丝毫没有减弱人们对它的兴趣，因为它在数据存储器[65]，微电机系统[66]以及自旋阀装置[67]等方面有很高的应用价值。

接近正分的 Fe-Rh 合金体系，具有 CsCl 型结构（Pm3m 空间群），居里温度大约为 680 K[68]，在 350 K 左右发生一个从 AFM 相到 FM 相的一级变磁性相变。穆斯堡尔谱[69]和中子衍射[70]证明 FeRh 为共线自旋结构。对于 AFM 相，每个 Fe 原子的磁矩为 3.3μ_B，每个 Rh 原子的磁矩为 0。当温度升高到相变温度以上时，FeRh 处于 FM 相，每个 Fe 原子和 Rh 原子磁矩分别为 3.2μ_B和 0.9μ_B（图 5-5）。这个一级磁相变发生时伴随着巨大的相变潜热和大约 1%的体积膨胀[68]。

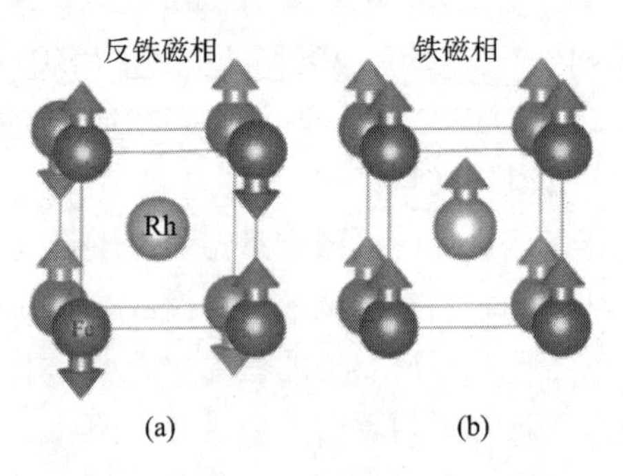

图 5-3　FeRh 合金的磁结构示意[71]

1990 年，Nikitin 等[72]报道了接近正分的 FeRh 合金是具有室温巨磁热效应的材料。在 0～2 T 的外磁场变化下，其熵变 ΔS 约为 21 J/(kg・K)[73]，绝热温变 ΔT_{ad}约为－13 K[73]（图 5-4），这些优异的表现说明 FeRh 是最具竞争力的磁热材料之一。该类合金对外界应力也非常敏感[68,74]。这里列出了正分 FeRh 合金的压力—温度相图[75]（图 5-5），随着压力增大，AFM/FM 相边界向高温区移动，居里温度逐渐降低，充分说明这个体系对外界压力非常敏感。所以，综合以上性质，FeRh 合金适合作为复相多铁材料的磁相变薄膜层。

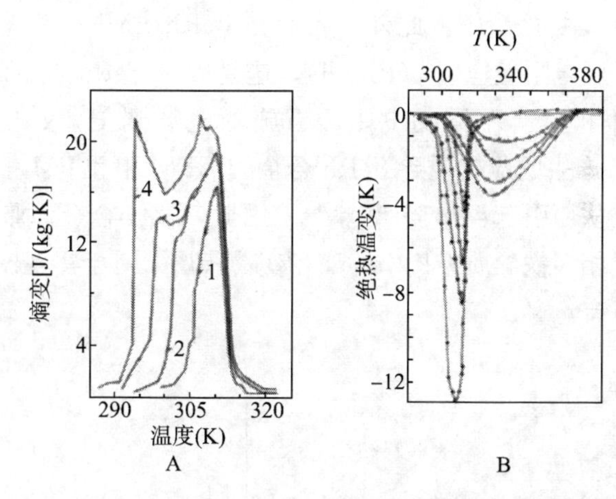

图 5-4　FeRh 合金在 0～2 T 磁场下的熵变（A）和绝热温变（B）

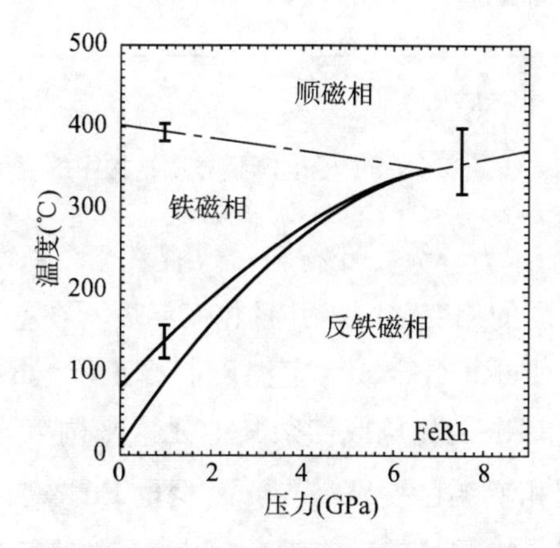

图 5-5　FeRh 合金的压力—温度相图

已经有文献报道 FeRh 合金薄膜与铁电单晶衬底组成的异质结构的一些电控磁效应，比如，在铁电衬底 BTO 和 FeRh 薄膜组成的磁电异质结构中，当电场施加到 BTO 压电衬底上时，衬底会产生应力，这个应力驱动 FeRh 薄膜发生一个反铁磁态（AFM）转变到铁磁态（FM）的一级变磁性相变，导致磁化强度发生巨大变化[28,76]。此外，人们在 FeRh/PMN-PT 异质结构中发现了巨电阻效应[77]（图 5-6）。这是因为 FeRh 合金的 AFM 相和 FM 相具有不同的电阻，当施加电场到 PMN-PT 上时，PMN-PT 产生的应变诱导 FeRh 合金的 AFM 相和 FM 相比例发生变化，从而引起巨电阻效应[78]。因此，该类合金薄膜非常适合作为复相多铁异质结构中的磁相变薄膜层，对于实现器件的小型化非常有意义。

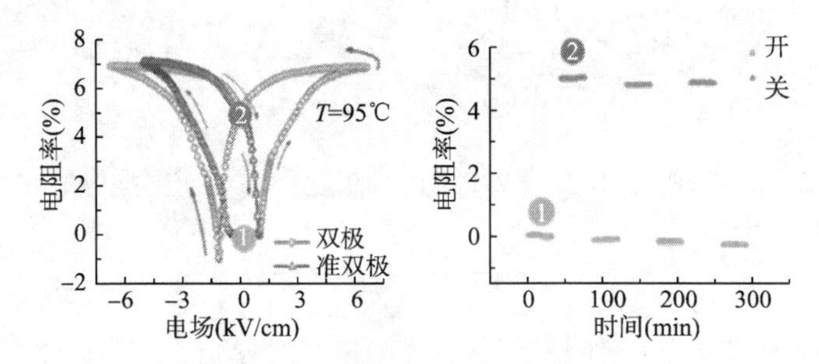

图 5-6　FeRh / PMN-PT 磁电薄膜异质结构中的磁电阻效应

FeRh 合金作为一级相变材料，也存在着一级相变共有的问题，那就是有限的相变温区，并且相变温度不在室温。因此，这些因素阻碍了 FeRh 合金成为室温磁制冷工质。FeRh 合金可以通过改变 Fe 和 Rh 的比例或掺杂其他元素来调节该材料的 T_t 到室温或者引起相变温区变宽[58,79,80]。少量 Pd 添加到 FeRh 合金中可以有效调节相变温度到室温附近[81]。这对于实际应用非常有意义。

5.1.2　压电材料简介

压电材料是一类受到外界压力作用时会产生电压现象的物质。正压电效应指的是给压电材料某一方向施加外力，引起材料变形，压电材料内部产生极化电荷，对应在它外部两个相对表面会出现电荷符号相反的束缚电荷。如果撤去外力，它又会回到初始状态。逆压电效应与正压电效应相反，即如果沿着压电材料极化方向施加电场，压电材料也会发生变形而产生机械应力，如果撤去电场，相应会引起材料的变形或应力撤去，所以，这种现象也被称为电致伸缩效应（图 5-7）。

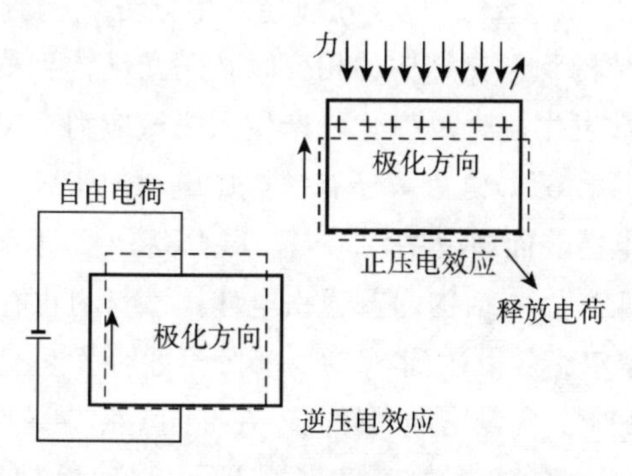

图 5-7　正压电效应和逆压电效应示意

压电材料可以分为无机压电材料和有机压电材料。一般经常用的无机压电材料有钛酸钡（BTO）、锆钛酸铅（PZT）、铌镁钛酸铅（PMN-PT）等。常用的有机压电材料为偏聚氟乙烯（PVDF）（薄膜）。压电系数 d 为压电材料的主要性能参数之一，代表了机械能和电能相互转换的系数，常用的有横向压电系数 d_{31} 和纵向压电系数 d_{33}（第一个脚标和第二个脚标分别代表极化方向和机械振动方向）。反映了应力（应变）与电场的关系，决定了压电输出的效率。

1950年，压电材料PZT诞生，它综合了较高的居里温度和压电系数、高稳定性以及容易掺杂改性等多种优点，而得到广泛应用[81]。其晶体结构为钙钛矿ABO_3型结构，是通过不同比例的$PbZrO_3$和$PbTiO_3$合成的固溶体。材料的结构会因Zr或Ti的比例不同而发生很大的变化。当Zr或Ti的比例在0.48～0.52时，在铁电四方和三方相两相共存区域出现准同型相界（MPB）。在MPB区域时，铁电四方和三方相这两相之间可以相互转化，有利于电偶极矩被取向。材料被电场极化后，其电偶极矩与电场方向保持一致，这时，其优良的压电性能就体现出来。

BTO也是一种常用的压电材料，当温度从400 K降低到393 K、278 K以及190 K时分别会发生立方结构到四方结构的相变、四方结构到正交结构的相变以及正交结构到菱形结构的相变。晶格常数发生巨大的变化，产生大机械应力[82-84]。

除了PZT、BTO之外，还有一类压电材料PMN-PT，也因为其优良的压电性能而备受关注[85-88]。PMN和PT分别为驰豫型铁电体和具有四方晶体结构的普通铁电体。该材料也存在准同型相变，当PT摩尔比含量达到30%～35%时才会发生这种相变，而且居里温度随PT含量增加而升高。在准同型相界区域，材料表现出大压电性，d_{33}高达2 000～2 500 pC/N，最大形变可达1.7%。这些优良的性能使其在压电驱动器、传感器以及声呐等领域有着极大的应用价值。一般商用的PMN-PT单晶衬底的取向分为[001]取向和[011]取向两种。其中，[001]取向的单晶的应变是与电场同时产生同时消失，即施加电场产生应变，撤去电场应变消失，即是易失性的。而[011]取向的单晶的应变是非易失性的，即电场撤去后，应变还能保持。图5-8表示电场平行于[001] 0.72PMN-0.28PT单晶衬底的[001]方向，产生可逆的面内应变[14]。相比于价格昂贵的PZT、BTO压电材料，更倾向使用价位相对低廉的PMN-PT单晶作为复相多铁材料中的压电层。

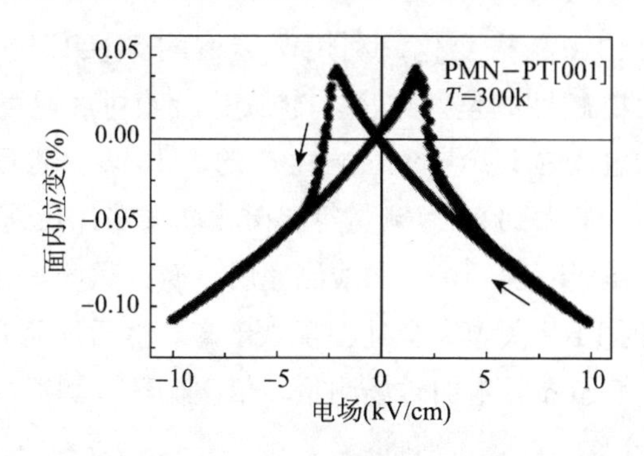

图 5-8　电场平行于［001］0.72PMN-0.28PT 单晶的［001］方向产生的面内应变

本章主要内容就是在磁电异质结构 $FeRh_{0.96}Pd_{0.04}$（FRP）/PMN- PT 中实现室温附近的电控磁热效应。通过对 PMN-PT 单晶压电衬底施加电场，衬底产生的应力传递给 FRP 磁相变薄膜，使其磁相变温度发生移动，从而影响到磁热效应，导致工作温区变宽，这对实际应用有重大意义。

5.2　材料制备与表征

选择商用［001］取向的 PMN-PT 单晶衬底，规格为长×宽×厚＝10mm×5mm×0.5mm。PMN-PT 衬底的压电系数 d_{33} 通过准静态压电常数 d_{33} 测量仪测量为 1 500 pC/N。在 2.67×10^{-6} Pa 的基压下，通过直流磁控共溅射 FeRh 合金靶和 Pd 靶到 PMN-PT 衬底上获得 100 nm 厚的 $FeRh_{0.96}Pd_{0.04}$（FRP）薄膜，形成 FRP/PMN-PT 磁电薄膜异质结构。溅射前需预加热衬底到 500℃。99.999%的高纯氩气作为工作气体，工作压强为 0.6 Pa。FRP 薄膜作为 PMN-PT 的上电极。通过小型离子溅射仪将 Au 镀在衬底背面作为下电极。通过卢瑟福背散射确定 FRP 薄膜的成分。通过室温 X 射线衍射（XRD）确定 FRP 薄膜施加电压前后的结构和晶格变化。利用改装后的SQUID进行原位施加电压前后的磁性测量。这里，电压是沿着衬底厚度方向施加的，使用的电表是Keithley公司生产的2410表。磁场方向平行于薄膜表面，最大到2T。测量等温磁化曲线采用所谓的“loop”法[80]，也就是当一条M-H曲线测完后，撤去磁场，温度降低到100 K，这时FRP薄膜完全处在反铁磁态，然后样品升温到下一温度，稳定5 min后施加磁场测量，依次循环。测量的温度范围是270～365 K。

5.3 结果与讨论

5.3.1 XRD结构分析

图5-9为FRP/PMN-PT磁电薄膜异质结构的XRD图谱，扫描范围为20°～80°。很明显观察到，除了单晶衬底PMN-PT的(001)和(002)衍射峰外，剩余的就是FRP的(001)、(002)和(110)三个衍射峰，这些衍射峰说明制备的FRP薄膜是多晶薄膜，在室温下是有序的CsCl型结构。

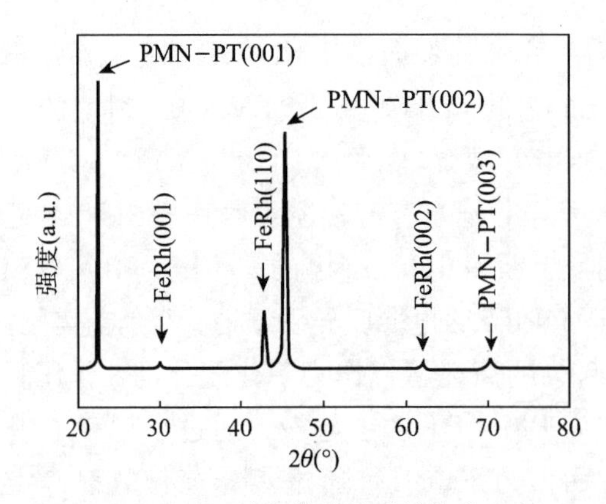

图5-9　FRP/PMN-PT磁电薄膜异质结构的室温XRD图谱

5.3.2　热磁曲线

图 5-10 为 FRP 薄膜在 0.3 T 的磁场下，分别在 0、6 kV/cm 和 8 kV/cm 三个不同电场下的热磁曲线（M-T）。没有施加电场时，在升温过程中，FRP 薄膜经历了一个从 AFM 相到 FM 相的一级相变，相变温度（T_t）大约为 300 K。这里 T_t 被定义为磁化强度 M 对温度 T 的一阶导数（$\mathrm{d}M/\mathrm{d}T$），如图 5-10 的内插图所示。显然，通过 Pd 元素少量掺杂到 FeRh 里，导致薄膜相变温度成功地调节到了室温附近。在降温过程中，观察到 FM 相到 AFM 相的相变。升温和降温过程之间的热滞大约有 45 K。相比同样组分的块材，FRP 薄膜的相变温区明显地拓宽许多。这是由于薄膜内的缺陷、组分或者应变引起的[89−91]。随着电场的施加，类似的热磁行为也被发现，对于 6 kV/cm 和 8 kV/cm 的电场，T_t 已经相应地移到了 320 K 和 325 K，显示了一个大跨度的相变温度移动。通过施加 8 kV/cm 的电场到 PMN-PT 衬底上可以产生大约 5×10^{-4} 的应变，导致 FRP 薄膜相变温度有大约 25 K的移动。这个结果与早期的报道相一致[28]，即将 Pd 元素掺杂到 FeRh 中，在 1.5％的应变下，T_t 可以达到 90 K 的变化。

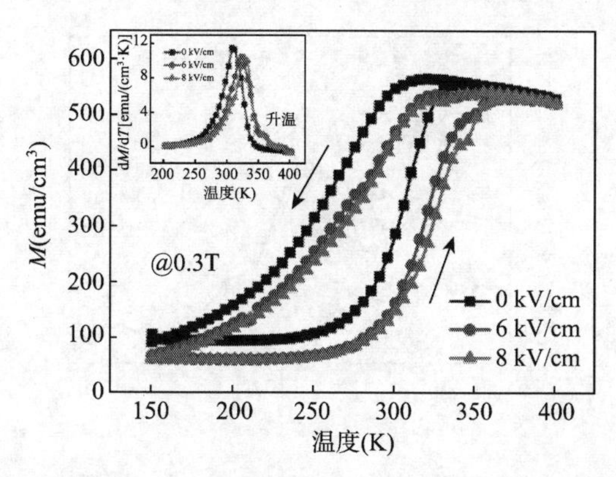

图 5-10　施加电场前后对 FRP 薄膜热磁曲线的影响

5.3.3 XRD 衍射峰变化

为了研究电场对 FRP/PMN-PT 异质结构相变温度的影响，在室温下通过对异质结构原位施加电场，分别对接近 FRP 薄膜（001）衍射峰和 PMN-PT（001）衍射峰的区域进行 XRD 扫描（图 5-11），8 kV/cm 电场的应用使得 PMN-PT 衬底的（001）衍射峰向左移动了大约 0.1°，这是由逆压电效应所致[76]，即电场从 0 变化到 8 kV/cm，使得 PMN-PT 压电衬底沿着厚度方向产生应变，导致 PMN-PT 的晶格常数相应地从 0.4018 nm 增大到 0.4026 nm，表明 PMN-PT 衬底面外方向是拉伸应变。此时，电场诱导的应变将会部分地传递给 FRP 薄膜，使得 FRP 的（001）衍射峰也相应地发生移动（图 5-12）。因此，在电场从 0 增大到 8 kV/cm 时，FRP 薄膜的面外晶格常数 c 从 0.2993 nm 增大到 0.2995 nm，对应的是面外为拉伸应变以及面内为压缩应变[15]。如前所述，拉伸应变可以驱动 FeRh 体系从 AFM 相到 FM 相的相变[28,76]。因此，电场诱导的面内压缩应变趋向于稳定低温的 AFM 相，紧接着，导致 FRP 薄膜的 T_t 升高[68,74]。另一方面，有文献报道铁电场也可以对 T_t 移动有贡

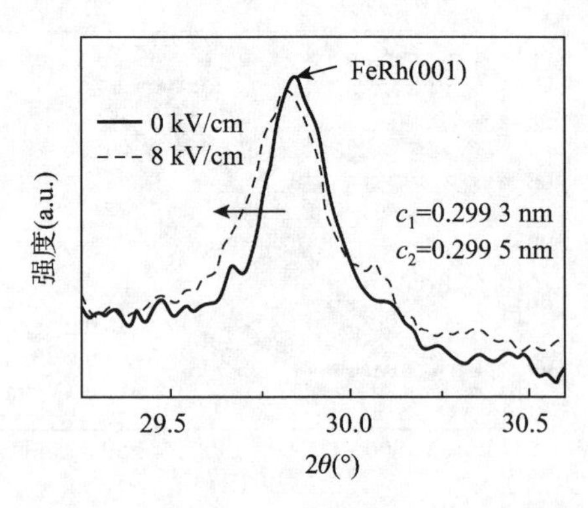

图 5-11　FRP 薄膜在施加电场前后（001）衍射峰的变化

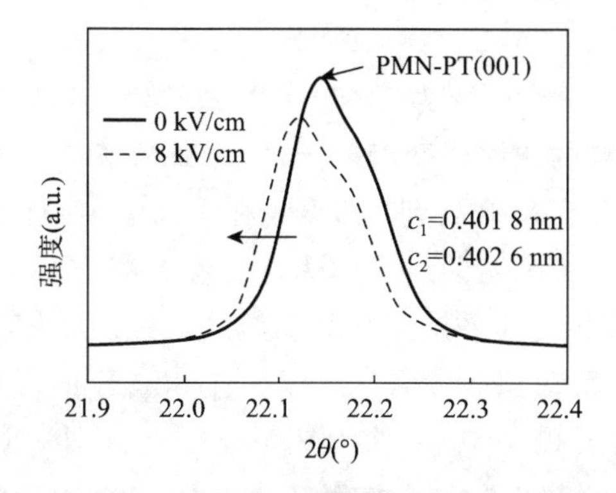

图 5-12　PMN-PT 单晶衬底在施加电场前后的（001）衍射峰的变化

献[28,63]。当 PMN-PT 被电场极化时，电荷累积或耗散通过界面耦合将会改变 FRP 载流子密度。因为 AFM 相的载流子密度小于 FM 相的。所以，铁电场也可以影响 FRP 的 T_t。实际上，这个机制被用来解释非常薄的薄膜的 T_t 的改变[28,92]。由于 FRP 薄膜厚度是100 nm，因此铁电场对 T_t 的影响可以忽略。

5.3.4　等温磁化曲线

为了进一步研究电场对磁化强度（M）的影响，分别给出了在 0 和 8 kV/cm 电场作用下的 FRP/PMN-PT 异质结构的等温磁化曲线（M-H）。不加电场时，在 300 K 时观察到一个变磁性相变，对应着磁场诱导的一个从 AFM 相到 FM 相的相变（图 5-13A）所示。当 8 kV/cm 的电场施加到 PMN-PT 衬底上时，发现此时的 M-H 曲线也具有变磁性行为，但是 M 有所减小，说明该异质结构产生了 CME 效应。这里，CME 系数（α）可以被定义为 $\alpha=\mu_0\Delta M/\Delta E$，300 K 时在偏置磁场 0.02T 大约是 1.8×10^{-7} s/m，比一些单相材料，如 $TbPO_4$，$\alpha=3.0\times10^{-10}$ s/m[93]，和其他磁电复合材料，如

$La_{0.7}A_{0.3}MnO_3$/PMN-PT（A＝Sr，Ca），$\alpha \leqslant 6 \times 10^{-8}$ s/m[14]，$CoFe_2O_4/BiFeO_3$，α 约为 1.0×10^{-8} s/m[94]，都要大。如上所述，电场诱导的压缩应变趋向于稳定 AFM 相，导致 FRP 薄膜 M 的减小。当温度升高到 330 K，在不加电场的情况下，观察到具有 FM 性的等温曲线，因为这个温度高于 T_t(300 K)，此时 AFM-FM 相变几乎结束。如前所述，施加 8 kV/cm 的电场将会导致 T_t移动到 325 K。所以，在 330 K 的温度下，变磁性行为仍然可以被观察到（图 5-13B)。另外，注意到 0 和 8 kV/cm的 ΔM 随磁场增加而减小。如前所述，磁场可以诱导相变从 AFM 相到 FM 相，并且趋向于稳定 FM 相。在 330 K，高磁场区域，AFM 相几乎全部转成 FM 相，所以压缩应变对 M 的影响非常有限。这一现象在 365 K 进一步被证实，此时变磁性相变已经完全结束（图 5-13C)，0 和 8 kV/cm 电场下的 ΔM 几乎为 0。图 5-13D 表示的是在磁场 1T 和 2T 作用下，$\Delta M/M(0)$ 随温度的变化。这里，$\Delta M = M(E) - M(0)$，$M(E)$和 $M(0)$分别代表在 8 kV/cm 和 0 kV/cm 电场下的磁化强度。显而易见，$\Delta M/M(0)$ 在 1T 和 2T 磁场下在 T_t附近出现最大值，前者的值大于后者，是因为磁场和电场对 M 的作用是相反的。

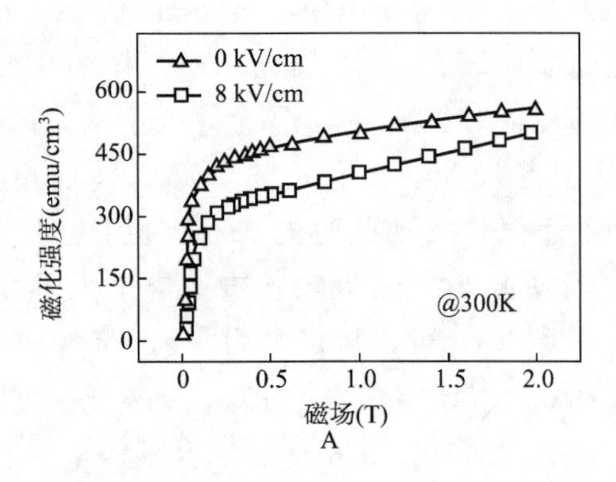

A

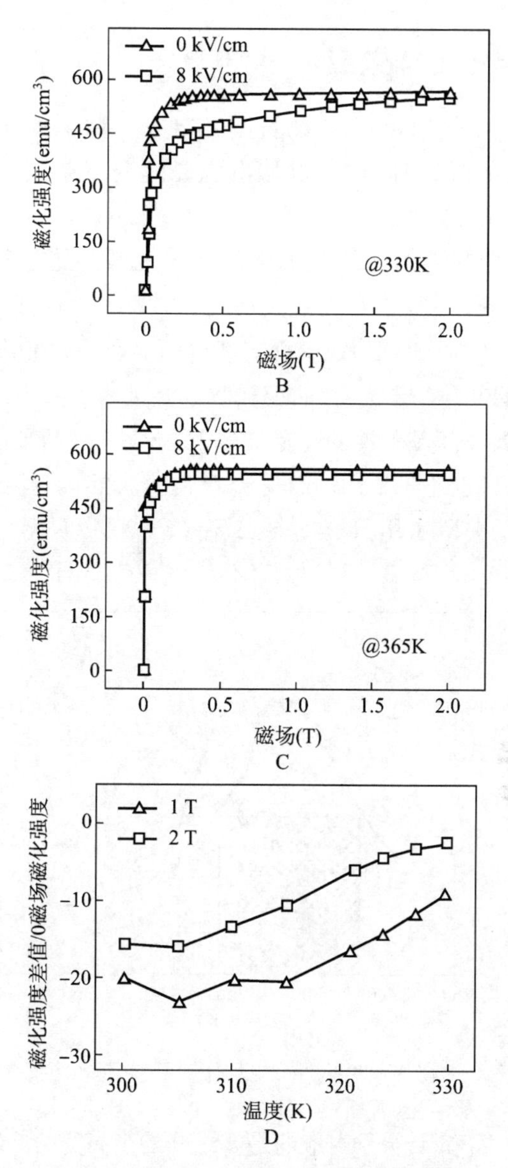

图 5-13　在 0 和 8kV/cm 电场下的等温磁化曲线 *M-H*

A. 300 K　B. 330 K　C. 365 K　D. ΔM/M（0）随温度变化的关系

5.3.5　电控磁热效应

根据所谓的“loop”法测量不同电场作用下的 M-H 曲线，磁场从 0 变化到 2 T，FRP 薄膜等温磁熵变 ΔS_M 用 Maxwell 关系式[95]计算得到（图 5-14），可以看到 FRP/PMN-PT 异质结构在相变温度区间内的 ΔS_M 随温度的变化关系。随着电场从 0 变化到 8 kV/cm，ΔS_M 的最大值只是从 15.27 mJ/（cm^3·K）变化到 14.54 mJ/（cm^3·K），稍微有所降低，但是峰值却从 305 K 移动到 325 K。

除了 ΔS_M 估算磁制冷的性能以外，还有另一个重要的参数——制冷力（RC）也经常用于比较材料的磁制冷性能，方程如下：

$$RC(T, H) = \int_{T_1}^{T_2} \Delta S_M(T, H) dT \qquad (5.1)$$

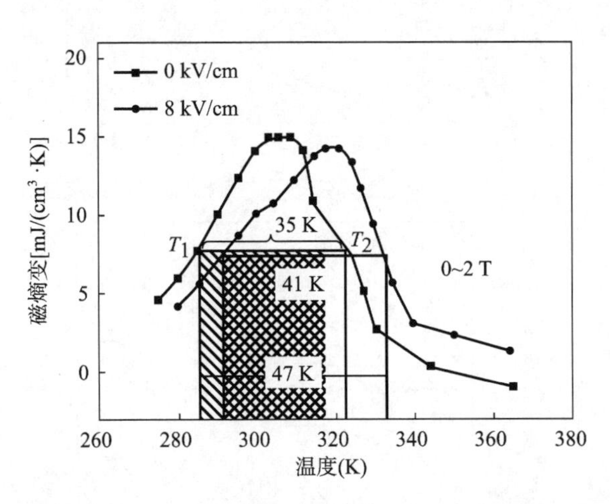

图 5-14　在 0 和 8 kV/cm 电场作用下的 FRP 薄膜 ΔS_M

式中的 T_1 和 T_2 分别对应的是 ΔS_M 峰的半高宽的冷端和热端温度。它表示一个理想的制冷循环中在冷端和热端之间的热量传递的大小。可以通过数值积分的方法计算 T_1 和 T_2 之间 $\Delta S_M \sim T$ 所围面积，即为 RC[96]。通过方程（5.1）得到，在 0 和 8 kV/cm 的电场下，RC 的值分别是 457 mJ/cm^3 和 468 mJ/cm^3，暗示着施加电场后，RC 有所增加。对于磁制冷来说，T_1 和 T_2 之间的温度区间被定义为磁制冷材料的工作温区窗口。通过图 5-14 可以看到，FRP/PMN-PT 异质结构的工作温区在 0 和 8 kV/cm 的电场下，分别是 35 K 和 41 K。通过应用电场，异质结构的磁制冷工作温区从 35 K 拓宽到 47 K，说明实现了电控磁热效应，这对于磁制冷意义重大。

5.4　总结和展望

通过磁控溅射方法获得了磁相变 FRP 合金薄膜和压电衬底 PMN-PT 构成的多铁异质结构，并且研究了利用电场调控 FRP/PMN-PT 多铁异质结构的磁热效应。试验结果表明，应用电场到 PMN-PT 衬底上，由于衬底产生面内压缩应变驱动 FRP 薄膜的磁相变，导致 T_t 向高温有一个大的移动。利用这一特性，通过对 FRP/PMN-PT 异质结构施加不同的电场，获得了跨越室温高达 47 K 的制冷温度区间，表明了磁场和其他的场共同作用是一种扩宽磁制冷工作温区的有效方式，可以这将这种磁制冷方式应用在微型器件中，确保器件的集成化和精密化。

但是，对于一级磁相变材料 FeRh 而言，相变发生时还是存在着较大的热滞/磁滞，有着不可恢复性，这对于实际应用还是有较大影响。此外，利用［001］PMN-PT 单晶作为压电衬底，需要原位施加电场测量磁性变化，试验操作比较复杂。所以，下一步工作就是可以采用非易失的［011］PMN-PT 单晶衬底，提前施加电场后，再测量电控磁热效应，不仅可以简化试验操作步骤还可以利用磁场与［011］PMN-PT 的非易失性应力共同作用的方法实现非易失性的磁热效应，以进一步降低 FeRh 合金薄膜的磁滞损耗，而且开辟了一条利用机械功提高固态工质制冷能力的新途径。另外，需要开发出更多的磁相变合金薄膜异质结构，实现较大的磁热效应。

参考文献

[1] Eerenstein W，Mathur N D，Scott J F. Multiferroic and magnetoelectric materials [J]. Nature，2006，442：759-765.

[2] Bibes M，Barthélémy A. Towards a magnetoelectric memory [J]. Nature Materials，2008，7：425-426.

[3] Ramesh R，Spaldin N A. Multiferroics：progress and prospects in thin films [J]. Nature Materials，2007，6：21-29.

[4] Srinivasan G. Magnetoelectric composites [J]. Annual review of materials research，2010，40：153-78 .

[5] Wang K F，Liu J M，Ren Z F. Multiferroicity：the coupling between magnetic and polarization orders [J]. Advances in Physics，2009，58 (4)：321-448.

[6] Prellier W，Singh M P，Murugavel P. The single-phase multiferroic oxides：from bulk to thin film [J]. Journal of Physics (Condensed Matter)，2005，17：R803-R832.

[7] Cheong S W，Mostovoy M. Multiferroics：a magnetic twist for ferroelectricity [J]. Nature Materials，2007，6：13-20.

[8] Khomskii D. Trend classifying multiferroics：mechanisms and effects [J]. Physics，2009，2：20.

[9] Catalan G，Scott J F. Physics and applications of bismuth ferrite [J]. Advanced Materials，2009，21：2463-2485.

[10] Tokura Y，Seki S. Multiferroics with spiral spin orders [J]. Advanced Materials，2010，22：1554-1565.

[11] Nan C W，Bichurin M I，Dong S X，et al. Multiferroic magnetoelec-

tric composites: historical perspective, status, and future directions [J]. Journal of Applied Physics, 2008, 103 (3): 031101.

[12] Vaz C A F. Electric field control of magnetism in multiferroic heterostructures [J]. Journal of Physics (Condensed Matter), 2012, 24: 333201.

[13] Fiebig M. Revival of the magnetoelectric effect [J]. Journal of Physics (Condensed Matter), 2005, 38: R123-R152.

[14] Thiele C, Dörr K, Bilani O, et al. Influence of strain on the magnetization and magnetoelectric effect in $La_{0.7}A_{0.3}MnO_3$/PMN-PT (001) (A=Sr, Ca). Physics Review B, 2007, 75 (5): 054408.

[15] Vaz C A F, Hoffman J, Posadas A-B, et al. Magnetic anisotropy modulation of magnetite in Fe_3O_4/$BaTiO_3$ (100) epitaxial structures [J]. Applied Physics Letters, 2009, 94 (2): 022504.

[16] Vaz C A F, Hoffman J, Ahn C H, et al. Magnetoelectric coupling effects in multiferroic complex oxide composite structures [J]. Advanced Materials, 2010, 22: 2900-2918.

[17] Ma J, Hu J M, Li Z, et al. Recent progress in multiferroic magnetoelectric composites: from bulk to thin films [J]. Advanced Materials, 2011, 23: 1062-1087.

[18] Caron L, Trung N T, Brück E. Pressure-tuned magnetocaloric effect in $Mn_{0.93}Cr_{0.07}CoGe$ [J]. Physics Review B, 2011, 84 (2): 020414 (R).

[19] Moya X, Kar-Narayan S, Mathur N D. Caloric materials near ferroic phase transitions [J]. Nature Materials, 2014, 12: 439-450.

[20] Mañosa L, Alonso D G, Planes A, et al. Giant solid-state barocaloric effect in the Ni-Mn-In magnetic shape-memory alloy [J]. Nature Materials, 2010, 9: 478-481.

[21] Mañosa L, Alonso D G, Planes A, et al. Inverse barocaloric effect in the giant magnetocaloric La-Fe-Si-Co compound [J]. Nature Communications, 2011, 2: 595.

[22] Moya X, Hueso L E, Maccherozzi F, et al. Giant and reversible extrinsic magnetocaloric effects in $La_{0.7}Ca_{0.3}MnO_3$ films due to strain

[J]. Nature Materials, 2013, 12: 52-58.

[23] Stern-Taulats E, Lloveras P, Barrio M, et al. Inverse barocaloric effects in ferroelectric $BaTiO_3$ ceramics [J]. APL Materials, 2016, 4 (9): 091102.

[24] Chen S Y, Wang D H, Han Z D, et al. Converse magnetoelectric effect in ferromagnetic shape memory alloy/piezoelectric laminate [J]. Applied Physics Letters, 2009, 95 (2): 022501.

[25] Gong Y Y, Wang D H, Cao Q Q, et al. Electric field control of the magnetocaloric effect [J]. Advanced Materials, 2015, 27: 801-805.

[26] Diestel A, Niemann R, Schleicher B, et al. Field-temperature phase diagrams of freestanding and substrate-constrained epitaxial Ni-Mn-Ga-Co films for magnetocaloric applications [J]. Journal of Applied Physics, 2015, 118 (2): 023908.

[27] Schleicher B, Niemann R, Diestel A, et al. Epitaxial Ni-Mn-Ga-Co thin films on PMN-PT substrates for multicaloric applications [J]. Journal of Applied Physics, 2015, 118 (5): 053906.

[28] Cherifi R O, Ivanovskaya V, Phillip L C, A. et al. Electric-field control of magnetic order above room temperature [J]. Nature Materials, 2014, 13: 345-351.

[29] Chen S Y, Zheng Y X, Ye Q Y, et al. Electric field-modulated Hall resistivity and magnetization in magnetoelectric Ni-Mn-Co-Sn/PMN-PT laminate [J]. Journal of Alloys and Compounds, 2011, 509: 8885-8887.

[30] Yang Y T, Gong Y Y, Ma S C, et al. Electric-field control of exchange bias field in a $Mn_{50.1}Ni_{39.3}Sn_{10.6}$/piezoelectric laminate [J]. Journal of Alloys and Compounds, 2015, 619: 1-4.

[31] Wang C C, Hu Y, Wang D H, et al. Electric control of magnetism and magnetocaloric effects in $LaFe_{11.4}Si_{1.6}H_{1.5}$ using ferroelectric PMN-PT [J]. Journal of Physics D (Applied Physics), 2016, 49: 405003.

[32] Sahoo S, Polisetty S, Duan C G, et al. Ferroelectric control of magnetism in $BaTiO_3$/Fe heterostructures via interface strain coupling [J].

Physics Review B，2014，76 (9)：092108.

[33] Geprägs S，Brandlmaier A，Opel M，et al. Electric field controlled manipulation of the magnetization in Ni/$BaTiO_3$ hybrid structures [J]. Applied Physics Letters，2010，96 (14)：142509.

[34] Shu L，Li Z，Ma J，et al. Thickness-dependent voltage-modulated magnetism in multiferroic heterostructures [J]. Applied Physics Letters，2012，100 (2)：022405.

[35] Lee M K，Nath T K，Eom C B，et al. Strain modification of epitaxial perovskite oxide thin films using structural transitions of ferroelectric $BaTiO_3$ substrate [J]. Applied Physics Letters，2000，77 (22)：3547-3550.

[36] Dale D，Fleet A，Brock J D，et al. Dynamically tuning properties of epitaxial colossal magnetoresistance thin films [J]. Applied Physics Letters，2003，82 (21)：3725-3728.

[37] Eerenstein W，Wiora M，Prieto J L，et al. Giant sharp and persistent converse magnetoelectric effects in multiferroic epitaxial heterostructures [J]. Nature Materials，2007，6：348-351.

[38] Zheng R K，Wang Y，Chan H L W，et al. Determination of the strain dependence of resistance in $La_{0.7}Sr_{0.3}MnO_3$/PMN-PT using the converse piezoelectric effect [J]. Physics Review B，2007，75 (21)：212102.

[39] Thiele C，Dörr K，Fähler S，et al. Voltage-controlled epitaxial strain in $La_{0.7}Sr_{0.3}MnO_3/PbMg_{1/3}Nb_{2/3}O_3$-$PbTiO_3$ (001) films [J]. Applied Physics Letters，2005，87 (26)：262502.

[40] Zheng R K，Jiang Y，Wang Y，et al. Investigation of substrate-induced strain effects in $La_{0.7}Ca_{0.15}Sr_{0.15}MnO_3$ thin films using ferroelectric polarization and the converse piezoelectric effect [J]. Applied Physics Letters，2008，93 (10)：102904.

[41] Zheng R K，Wang Y，Chan H L W，et al. Substrate-induced strain effect in $La_{0.875}Ba_{0.125}MnO_3$ thin films grown on ferroelectric single-crystal substrates [J]. Applied Physics Letters，2008，92 (8)：082908.

[42] Zhang S，Zhao Y G，Li P S，et al. Electric-field control of nonvolatile magnetization in $Co_{40}Fe_{40}B_{20}$/Pb ($Mg_{1/3}Nb_{2/3}$)$_{0.7}$ $Ti_{0.3}O_3$ structure at room temperature [J]. Physics Review Letters，2012，108 (13)：137203.

[43] Liu M，Obi O，Cai Z，et al. Electrical tuning of magnetism in Fe_3O_4/PZN-PT multiferroic heterostructures derived by reactive magnetron sputtering [J]. Journal of Applied Physics，2010，107 (7)：073916.

[44] Keenke T，Duman E，Acet M，et al. Inverse magnetocaloric effect in ferromagnetic Ni-Mn-Sn alloys [J]. Nature Materials，2005，4：450-454.

[45] Han Z D，Wang D H，Zhang C L，et al. Low-field inverse magnetocaloric effect in $Ni_{50-x}Mn_{39+x}Sn_{11}$ Heusler alloys [J]. Applied Physics Letters，2007，90 (4)：042507.

[46] Hu F X，Shen B G，Sun J R，et al. Influence of negative lattice expansion and metamagnetic transition on magnetic entropy change in the compound $LaFe_{11.4}Si_{1.6}$ [J]. Applied Physics Letters，2001，78 (23)：3675-3677.

[47] Fujita A，Fujieda S，Hasegawa Y，et al. Itinerant-electron metamagnetic transition and large magnetocaloric effects in La (Fe_xSi_{1-x})$_{13}$ compounds and their hydrides [J]. Phys Rev B，2003，67 (10)：104416.

[48] Wada H，Tanabe Y. Giant magnetocaloric effect of $MnAs_{1-x}Sb_x$ [J]. Applied Physics Letters，2001，79 (20)：3302-3304.

[49] Tegus O，Brück E，Buschow K H J，et al. Transition-metal-based magnetic refrigerants for room-temperature applications [J]. Nature，2012，415：150-152.

[50] Moore J D，Morrison K，Perkins G K，et al. Metamagnetism seeded by nanostructural features of single-crystalline $Gd_5Si_2Ge_2$ [J]. Advanced Materials，2009，21：3780-3783.

[51] Pecharsky V K，Gschneidner Jr K A. Giant magnetocaloric effect in Gd_5(Si_2Ge_2) [J]. Physics Review Letters，1997，78 (23)：4494-4497.

[52] Koyama K, Sakai M, Kanomata T, et al. Field-induced martensitic transformation in new ferromagnetic shape memory compound $Mn_{1.07}Co_{0.92}Ge$ [J]. Japanese Journal of Applied Physics, 2004, 43 (12): 8036-8039.

[53] Liu E K, Zhu W, Feng L, et al. Vacancy-tuned paramagnetic/ferromagnetic martensitic transformation in Mn-poor $Mn_{1-x}CoGe$ alloys [J]. Europhys Letters, 2010, 91: 17003.

[54] Ma S C, Wang D H, Xuan H C, et al. Effects of the Mn/Co ratio on the magnetic transition and magnetocaloric properties of $Mn_{1+x}Co_{1-x}Ge$ alloys [J]. Chin Phys B, 2011, 20: 087502.

[55] Trung N T, Zhang L, Caron L, et al. Giant magnetocaloric effects by tailoring the phase transitions [J]. Applied Physics Letters, 2010, 96 (17): 172504.

[56] Samanta T, Dubenko I, Quetz A, et al. Giant magnetocaloric effects near room temperature in $Mn_{1-x}Cu_xCoGe$ [J]. Applied Physics Letters, 2012, 101 (24): 242405.

[57] Liu E K, Wang W H, Feng L, et al. Stable magnetostructural coupling with tunable magnetoresponsive effects in hexagonal ferromagnets [J]. Nature Communications, 2012, 3: 873.

[58] Fallot M. Les alliages du fer avec les métaux de la famille du platine [J]. Annals of physics, 1938, 11 (10): 291-332.

[59] Mariager S O, Pressacco F, Ingold G, et al. Structural and Magnetic Dynamics of a Laser Induced Phase Transition in FeRh [J]. Physics Review Letters, 2012, 108 (8): 087201.

[60] Gray A X, Cooke D W, Krüger P, et al. Electronic Structure Changes across the Metamagnetic Transition in FeRh via Hard X-Ray Photoemission [J]. Physics Review Letters, 2012, 108 (25): 257208.

[61] Cooke D W, Hellman F, Baldasseroni C, et al. Thermodynamic measurements of Fe-Rh alloys [J]. Physics Review Letters, 2012, 109 (25): 255901.

[62] Derlet P M. Landau-heisenberg hamiltonian model for FeRh [J].

Physics Review B，2012，85 (17)：174431.

[63] Vries M A de，Loving M，Mihai A P，et al. Hall-effect characterization of the metamagnetic transition in FeRh [J]. New Journal of Physics，2013，15：013008.

[64] Staunton J B，Banerjee R，Dias M dos Santos，et al. Fluctuating local moments，itinerant electrons，and the magnetocaloric effect：compositional hypersensitivity of FeRh [J]. Physics Review B，2014，89 (5)：054427.

[65] Thiele J -U，Maat S，Fullerton E E. FeRh/FePt exchange spring films for thermally assisted magnetic recording media [J]. Applied Physics Letters，2003，82 (17)：2859-2861.

[66] Hashi S，Yanase S，Okazaki Y，et al. A large thermal elasticity of the ordered FeRh alloy film with sharp magnetic transition [J]. IEEE Transaction of Magnetics，2004，40 (4)：2784-2786.

[67] Yuasa S，Nyvlt M，Katayama T，et al. Exchange coupling of NiFe/FeRh-Ir thin films [J]. Journal of Applied Physics，1998，83 (11)：6813-6815.

[68] Stern-Taulats E，Planes A，Lloveras P，et al. Barocaloric and magnetocaloric effects in $Fe_{49}Rh_{51}$ [J]. Phys Rev B，2014，89 (21)：214105.

[69] Shirane G，Chen C W，Flinn P A，et al. Hyperfine fields and magnetic moments in the Fe-Rh system [J]. Journal of Applied Physics，1963，34：1044-1045.

[70] Shirane G，Chen C W，Nathans R. Magnetic moments and unpaired spin densities in the Fe-Rh alloys [J]. Physics Review，1964，134 (6A)：A1547-A1553.

[71] Aschauer U，Braddell R，Brechbühl S A，et al. Strain-induced structural instability in FeRh [J]. Physics Review B，2016，94 (1)：014109.

[72] Nikitin S，Myalikgulyev G，Tishin A M，et al. The magnetocaloric effect in $Fe_{49}Rh_{51}$ compound [J]. Physics Letters A，1990，148 (6，7)：363-366.

[73] Annaorazov M P，Asatryan K A，Myalikgulyev G，et al. Alloys of

the FeRh system as a new class of working material for magnetic refrigerators [J]. Cryogenics, 1992, 32: 867-872.

[74] Heeger A J. Pressure dependence of the FeRh first-order phase transition [J]. Journal of Applied Physics, 1970, 41: 4751-4752.

[75] Swartzendruber L J. The Fe-Rh (iron-rhodium) system [J]. Bulletin of Alloy Phase Diagrams. 1984, 5 (5): 456-462.

[76] Liu Y, Phillips L C, Mattana R, et al. Large reversible caloric effect in FeRh thin films via a dual-stimulus multicaloric cycle [J]. Nature Communications, 2016, 7: 11614.

[77] Lee Y, Liu Z Q, Heron J T, et al. Large resistivity modulation in mixed-phase metallic systems [J]. Nature Communications, 2015, 6: 5959.

[78] Zakharov A I, Kadomtseva A M, Levitin R Z, et al. Magnetic and magnetoelastic properties of a metamagnetic iron-rhodium alloy [J]. Soviet Physics JETP, 1964, 19 (6): 1348.

[79] Kouvel J S. Unusual nature of the abrupt magnetic transition in FeRh and its pseudobinary variants [J]. Journal of Applied Physics, 1966, 37 (3): 1257-1258.

[80] Baranov N V, Baranove E A. Electrical resistivity and magnetic phase transitions in modified FeRh compounds [J]. Journal of Alloys and Compounds, 1995, 219: 139-148.

[81] Zhou T J, Cher M K, Shen L, et al. On the origin of giant magnetocaloric effect and thermal hysteresis in multifunctional α-FeRh thin films [J]. Physics Letters A, 2013, 377: 3052.

[82] Blossfeld I, Warren W L, Kammerdiner L. Ferroelectric $Pb(Zr, Ti)O_3$ thin films by reactive sputtering from a metallic target [J]. Vacuum, 1990, 41 (4-6): 1428-1430.

[83] Polisetty S, Echtenkamp W, Jones K, et al. Piezoelectric tuning of exchange bias in a $BaTiO_3$/Co/CoO heterostructure [J]. Physics Review B, 2010, 82 (13): 134419.

[84] Geprägs S, Brandlmaier A, Opel M, et al. Electric field controlled manipulation of the magnetization in Ni/$BaTiO_3$ hybrid structures [J].

Applied Physics Letters，2010，96 (14)：142509.

[85] Venkataiah G，Shirahata Y，Itoh M，et al. Manipulation of magnetic coercivity of Fe film in Fe/$BaTiO_3$ heterostructure by electric field [J]. Applied Physics Letters，2011，99 (10)：102506.

[86] Robert S F. Shape-changing crystals get shiftier [J]. Science，1997，275：1878.

[87] Fu H X，Cohen R E. Polarization rotation mechanism for ultrahigh electromechanical response in single-crystal piezoelectrics [J]. Nature，2000，403：281-283.

[88] Kumara P，Thakurb O P，Chandra P，et al. Ferroelectric properties of bulk and thin fifilms of PMNT system [J]. Physica B，2005，357：241-247.

[89] Nikitin S A，Myalikgulyev G，Annaorazov M P，et al. Giant elastocaloric effect in FeRh alloy [J]. Physics Letters A，1992，171：234-236.

[90] Ohtani Y，Hatakeyama I. Antiferroferromagnetic transition and microstructural properties in a sputter deposited FeRh thin film system [J]. Journal of Applied Physics，1993，74 (5)：3328-3332.

[91] Han G C，Qiu J J，Yap Q J，et al. Suppression of low-temperature ferromagnetic phase in ultrathin FeRh films [J]. Journal of Applied Physics，2013，113 (12)：123909.

[92] Fan R，Kinane C J，Charlton T R，et al. Ferromagnetism at the interfaces of antiferromagnetic FeRh epilayers [J]. Physics Review B，2010，82 (18)：184418.

[93] Rado G T，Ferrari J M，Maisch W G. Magnetoelectric susceptibility and magnetic symmetry of magnetoelectrically annealed $TbPO_4$ [J]. Physics Review B，1984，29 (7)：4041-4048.

[94] Zavaliche F，Zheng H，Mohaddes-Ardabili L，et al. Electric field-induced magnetization switching in epitaxial columnar nanostructures [J]. Nano Letters，2005，5 (9)：1793-1796.

[95] Amaral J S，Amaral V S. The effect of magnetic irreversibility on esti-

mating the magnetocaloric effect from magnetization measurements [J]. Applied Physics Letters，2009，94 (4)：042506.
[96] Hernando B，Llamazares J L S，Prida V M，et al. Magnetocaloric effect in preferentially textured $Mn_{50}Ni_{40}In_{10}$ melt spun ribbons [J]. Applied Physics Letters，2009，94 (22)：222502.

图书在版编目（CIP）数据

磁相变合金的应用 / 胡秋波著．—北京：中国农业出版社，2020.7
ISBN 978-7-109-26908-8

Ⅰ．①磁… Ⅱ．①胡… Ⅲ．①合金—磁性—研究 Ⅳ．①TG132

中国版本图书馆 CIP 数据核字（2020）第 098132 号

中国农业出版社出版
地址：北京市朝阳区麦子店街 18 号楼
邮编：100125
责任编辑：李 蕊 黄 宇
版式设计：王 晨 责任校对：吴丽婷
印刷：北京大汉方圆数字文化传媒有限公司
版次：2020 年 7 月第 1 版
印次：2020 年 7 月北京第 1 次印刷
发行：新华书店北京发行所
开本：880mm×1230mm 1/32
印张：4.5
字数：110 千字
定价：28.00 元